# 物理世界奇遇记

# The New World of Mr Tompkins

[美] 乔治·伽莫夫——著　华生——译

台海出版社

**图书在版编目（CIP）数据**

物理世界奇遇记 /（美）乔治·伽莫夫著；华生译
. -- 北京：台海出版社，2020.5
ISBN 978-7-5168-2581-5

Ⅰ. ①物… Ⅱ. ①乔… ②华… Ⅲ. ①物理学—普及读物 Ⅳ. ① O4-49

中国版本图书馆 CIP 数据核字（2020）第 054982 号

物理世界奇遇记

著　　者：[ 美 ] 乔治·伽莫夫　　译　　者：华　生

出 版 人：蔡　旭　　封面设计：主语设计
责任编辑：王慧敏

出版发行：台海出版社
地　　址：北京市东城区景山东街 20 号　　邮政编码：100009
电　　话：010 — 64041652（发行，邮购）
传　　真：010 — 84045799（总编室）
网　　址：www.taimeng.org.cn/thcbs/default.htm
电子邮箱：thcbs@126.com

经　　销：全国各地新华书店
印　　刷：三河市金轩印务有限公司
本书如有破损、缺页、装订错误，请与本社联系调换

开　　本：710 毫米 ×1000 毫米　　1/16
字　　数：190 千字　　印　　张：12.5
版　　次：2020 年 5 月第 1 版　　印　　次：2020 年 9 月第 1 次印刷
书　　号：ISBN 978-7-5168-2581-5

定　　价：36.80 元
**版权所有　侵权必究**

# 目录

# 第一章
# 城市速度极限

汤普金斯先生，是在本市一家大银行里工作的小职员。公休日这一天，他睡到很晚才起床，然后从容、舒服地吃了一顿早餐。他想把这难得放松的一天好好安排一下，最先可以想到的就是在午后去看一场电影，于是他翻开本地的晨报，开始认真地在娱乐栏目里搜索起来。然而却没有一部电影精彩到足以引起他的注意。对于眼前那些描写色情、宣扬暴力的影片，他已经腻歪了。除此以外，就是适合孩子们看的假日电影。汤普金斯先生心想，哪怕只有一部影片有点不寻常的内容、有点真正意义上的冒险或是能让人异想天开的情节，那也可以勉强凑合了。可惜就连这种很低的要求也无法得到满足。

正无聊间，他的目光注意到了报纸末端的一段简短的新闻。那是本市的某个大学准备举办一系列的关于现代物理学问题的讲座。而这天下午的讲座内容则是关于爱因斯坦相对论的。嗯，那儿应该还会有点有趣的内容！他以前听别人说过，全世界能够真正懂得爱因斯坦的人，只有 12 个。没准他就能成为第 13 个呢！这样想着，他便做了决定准备下午就去听听这个讲座，这正是他所感兴趣的东西。

当汤普金斯先生进入这个大学的演讲大厅时，里面已经坐满了年轻的学生，也有一些像自己一样年纪较大的听众，大概都是些普通的老百姓。演讲已经开始了，讲台黑板旁边站着一位白胡子的大高个儿，十分卖力地讲解着爱因斯坦相对论的基本概念，底下的人全都聚精会神地听着。

汤普金斯先生听了好久才明白了爱因斯坦理论的整体要点，就是存在着一个最大的速度值，叫光速，这个速度值是任何运动物体所无法超越的。也正是由于这个速度值，产生了一些特别不寻常又奇怪的后果。例如，当运动的速度接近光速值时，时钟就会变慢，量尺竟然会缩短。但是那位高个子的教授也说到，由于光速非常快，可达到300000公里每秒，因此很难在日常生活中观察到这些相对论效应。然而汤普金斯先生认为，这些要点跟普通常识是互相矛盾的。他努力在脑海中想象时钟变慢、量尺缩短这些奇怪的表现，不知不觉中，脑袋已经耷拉了下去。

当他的眼睛重新张开时，发现自己竟然没有坐在演讲大厅里，却是坐在市政当局前等车的长椅上。环顾四周，这座美丽的古城街道两旁，耸立着很多中世纪风格的学院式建筑。汤普金斯先生开始的时候以为自己是在梦中，然而仔细观察下周围，并没有什么异样的事情。对面学院钟楼上的大时钟，指针刚好指在了5点钟。

多么像好莱坞的玩意呀

街道上除了一辆孤零零的自行车以外，没有什么行人和车辆了，当那辆自行车行驶得更近一点时，汤普金斯先生不觉大吃一惊，眼睛瞪得滚圆！因为自行车和骑车子的年轻人都难以置信地缩扁了！那景象，仿佛是通过柱形镜像看到的一样。

听到钟楼上的时钟敲响五下，骑自行车的人更加着急了，他使劲蹬起脚踏板。可是在汤普金斯看来，他的骑行速度并没有增加多少，但他变得更扁了，那样子似乎是用纸板剪成的人。稍做思考，汤普金斯先生为自己能够理解骑车人的变化是怎么回事而感到自豪——这不就是他刚刚听到的，关于光速和物体收缩的原理吗？显然，这个地方的天然速度极限非常低，于是他下结论说："我看大概不会超过 20 公里每小时，生活在这个城市的人们，似乎不需要什么高速摄像机。"然而，这时候街道上行驶过一辆发出全世界最嘈杂声音的小汽车，竟然没能跑过那辆自行车，小汽车的速度看起来就像是甲壳虫在爬行一般。这让汤普金斯先生产生了好奇，他决定去追那个骑车的年轻人，问问他是怎么做到的，那似乎是个和善的小伙子，所以这么做应该不会唐突。可问题是，他该怎样追上他呢？汤普金斯先生的目光落在停靠在校园外墙的一辆自行车上，心想，这差不多是某位去听讲座的学生的，借来骑一会再送回来就好了，也许自行车的主人都不会发现呢。于是，在四处张望、发现没人关注他以后，汤普金斯便骑上了"借"来的自行车，朝那个小伙子骑行的方向拼命追赶。开始的时候，汤普金斯先生以为自己也会像那个小伙子一样缩扁，并且内心好奇地期盼着，因为他那不断发胖的体型终于有机会得到缓解了。然而，让他意外的是，他所骑行的车子还有他自己，都没有发生任何的变化，反而是那些周围的建筑和景象都改变了：橱窗变成了一个个狭窄的缝隙，街道缩短了，路上的行人竟然也变得又细又高挑。

汤普金斯先生突然明白了为什么，他兴奋地感叹着，"太好了！我终于看明白了。这不正是'相对性'的原理吗？所有相对于我来说运动着的物体，从我的角度看来都缩扁了，这无关是骑自行车的人还是我自己！"加上对自己骑行的信心，他更加使出浑身解数企图追上那个小伙子。然而经过一番努力后，他发现想加速可不是轻而易举的事。虽然他早已使出吃奶的力气，可骑行的速度似乎并没有快到哪里去。并且他的双腿因为用力过猛而疼痛起来，在经过道路两旁的电灯杆时，车子的速度照样没有快多少。此时，他突然理解为什么刚刚那辆小汽车没有自行车跑得快了。因而又想起了之前那位高个子教授所提起的“不可能超越光速这个极限”的话题。同时他也看到，越是使劲地蹬车子，街道就变得越短，并且和前面骑自行车的年轻人之间的距离也越来越短了。终于，他追上了那个骑行的小伙子，在并肩骑行的瞬间，汤普金斯先生发现，其实那个小伙子和他的自行车都是正常的，并没有缩扁。

“这一定是由于我跟他之间没有相对运动的原因。”汤普金斯先生再次做出结论，紧接着，他便找话题和对方聊了起来。

“对不起，先生，”汤普金斯先生说道，“生活在这个超低速度极限的城市里，您没有觉得不方便吗？”

“速度极限？”年轻人非常惊讶地回答道，“哪有什么速度极限呐！不管是在什么地方，我都是想骑多快就骑多快。如果我能有一辆摩托车来骑的话，那就更加可以骑得飞快啦！”

“可是，当你从我面前骑过时，我怎么感觉你的速度是非常缓慢的？”汤普金斯先生说，“这没有错，我特别关注了这点。”

“哦，你真的特别关注了吗？”年轻人似乎有点不高兴，说道，“可是我觉得你并没有注意到，从您跟我说话开始，我们俩已经骑过了5个十字路口，这样的速度难道还不算快吗？”

“但是显然，是因为街道缩短了的缘故啊。”汤普金斯先生辩解说，“到底是因为我们骑行得非常快，还是街道缩短了，两者之间又有什么区别呢？”

骑车人难以置信地缩扁了

## 第一章　城市速度极限

“我从出发的地方需要经过十个路口才能到达邮局，如果我蹬得快一点的话，街道自然就相对变短了，并且我也得以早点到达目的地。看，事实上我们已经到了！”年轻人说着便从自行车上下来了。汤普金斯先生也跟着他停了下来，他抬头看了看挂在邮局上的钟表，得意地指着它说：“5 点 30 分！我第一次看见你的时候是 5 点整，不管怎么说，跑过这十个路口，你已经花费了半个小时了！”

“你真的觉得已经过去半个小时了吗？”对方问道。汤普金斯先生不得不再次确认，虽然他觉得这就是几分钟的小事而已。但是当他看到自己手表上的时间时，整个人都呆住了！因为他的手表只有 5 点 05 分。“啊！”他惊叹着说，“难道是邮局的时钟走快了？”

“你可以说是时钟走快了，也可以说是你的手表走慢了。难道刚刚你的手表不是一直相对于那两个时钟而走动的吗？所以，你认为还会有别的什么结果吗？”年轻人有点生气地看着汤普金斯，继续说道，“话又说回来，这些又关您什么事呢？难不成你是从月球上掉下来的？”说完便走进邮局去了。

听了年轻人的话，汤普金斯先生觉得要是没有提前听过那位教授对这些怪事的解释，现在的他该是多么困惑和不幸啊。显然，那个年轻人是从还没学会走路的时候起，就对这些怪事习以为常了。汤普金斯先生觉得接下来的时间里，还需要靠自己去对这个奥秘继续进行探索。他将手表调到和邮局时钟相同的时间，在等待了十分钟以后，发现手表走的和时钟一样，并没有出现问题。

于是，他继续顺着大街往下骑行，在到达了一个火车站的时候停了下来。因为他想再跟火车站的时钟进行一次对比。让他惊讶的是，手表上的时间竟然又比那里的时钟慢了很多。

汤普金斯先生只得下结论说：“这一定是因为相对论而产生的效应。”此时他特别想找一个比刚刚的年轻人更有学问的人来问个明白。

机会终于来了，一个40岁左右的绅士从火车上下来，正往出站口走去，在出站口有一位老太婆迎接着他。令他吃惊的是老太婆竟然管那位绅士叫“亲爱的爷爷”。虽然觉得很过分，汤普金斯先生还是以帮忙搬行李为借口，和那位绅士聊了起来。

“不好意思，本无意打听你们的家事，但是你和这位太太到底是什么关系呢？你果真是她的爷爷吗？”他企图尽量婉转地询问这个问题，“要知道，我就是个外地人，还从来没有……”

“哦，我明白了，”绅士从胡子中间露了笑意，说着，“没猜错的话，你一定是将我当成流浪汉了，或是类似的人。其实，我大部分的工作时间是出去旅行，因此生活常常在火车上度过，疲劳让我看起来比同龄人要老得多。这次能够及时赶回来，去看看我可爱的孙女，是件多么幸福、多么快乐的事啊！只可惜，我得很快将她送走了。”绅士说完就叫了一辆出租车，匆匆忙忙上了车便离开了，将汤普金斯先生孤零零地撂下，他只好独自去应对那一堆难解的问题了。

城市的街道越来越短

汤普金斯先生溜达到了火车站的食堂，在那里买了两片夹肉面包，解决了饥饿问题的同时也增强了他大脑的思考力。他思索了许久，最后似乎觉得已经可以找出相对论原理的破绽了。

“当然啦，”他一边思考一边啜着咖啡，叨叨着，“运动可以使时间变慢，这就是那位绅士显得年轻的原因吧？如果像教授所说的，一切运动都是相对的话，那么那位绅士和他的亲人之间，应该都觉得对方年轻啊。可事实上，他的孙女看起来要比他老很多。他转向一个穿着铁路制服的单身汉，决定通过再一次的尝试来弄清楚这些问题。

“劳驾，先生，”他终于开了口，“对于火车上的旅客要比总待在一个地方的人老得慢这件事，应该由谁来负责呢？您能否跟我说说？”

“当然是我来负责啊。”那个人回答得非常干脆。

“啊！”汤普金斯先生非常兴奋，问道，“能说说具体怎么回事吗……”

“因为我是火车司机啊。”对方只回答了这一句，似乎就可以解释一切了。

“火车司机？”汤普金斯先生重复了这句话，紧接着说道，“我从小的梦想就是能当一名火车司机。但是，火车司机又怎么可能让人保持年轻呢？”

“这个问题，我也并不是十分清楚，”司机答道，“但事实就是如此，我也是从一个老教授那里听说的，他当时就坐在那个位置。”说罢，他用手指了指靠在门边的一张桌子，继续说道，“当时就是为了消磨时间嘛，那个老人先是告诉我他是做什么工作的，当然是要比我高一头啦！接着他吹嘘了一番，可我什么都没听懂，但是记得他说过，这一切都是加速和减速造成的。他

说，火车在进、出站台的时候，难免要进行减速和加速，乘客们就会感觉时间在倒退，这种感觉，不坐火车的人是感受不到的。你在观察火车进站时就会发现，站在月台上的人是不需要抓紧栏杆的，也不会像火车上的乘客那样似乎快要跌倒了。你看，两者之间的差异就在这里了……”

说到这，他突然停了下来。

汤普金斯先生感觉有一只沉重的大手在摇晃自己的肩膀，这时他才发现自己并没有在什么车站的咖啡厅里，竟然还在学院演讲大厅的长椅上呢。此时的大厅早已空无一人，天都要黑了，将他晃醒的人说：“先生，这里马上就要关门了，您还想睡的话，最好赶紧回家吧。”

汤普金斯先生于是站了起来，朝门口走了出去。

# 第二章
# 催眠的相对论演讲

女士们，先生们：

在人类智慧发展的初始阶段，人们就能够将时间和空间明确为发生不同事情的舞台。这种概念经过一代代的传承，并没有什么实质性的突破和改变。后来，精密科学开始发展，这种概念又被用作以数学对宇宙进行描述的基础。

第一个能清楚阐述古时空概念的人，应该是伟大的物理学家牛顿，他在《自然哲学的数学原理》一书中这样写过：

就绝对空间的本质来说，它是不依赖于任何外物的，且是永远不变、相同的。真实的、绝对的数学时间，按其本质而言，是不依赖于任何外物，能永远均匀流动的。

在过去，这些古典时空的概念，被人们极其坚定地相信着。哲学家们也常常将它们认作是先人经验的东西，但是让科学家们没有想到的是，竟然会有人对此产生疑问。

20世纪初，有人开始认识到，如果将实验物理学用最精密的方法所得到的结论用于古典时空的概念中，就会碰撞出矛盾的火花。当代最出色的物理学家爱因斯坦也由此产生了革新的想法。他认为，除去那些昔日传统的借口，古典的时空概念没有任何理由被看作是绝对的真理。后人有可能也有责任去革新这些概念，并最终要使它们得以同最精密、最新颖的实验完美结合。旧的概念既然如此粗糙、不精准，却还能应用于物理学发展的初期和日常生活中，就是因为它们跟正确概念之间的差异非常微小。事实上，古典时空的概念也是在人们的日常生活体验中建立起来的。所以面对古典概念无法适用的场合时，我们也不必过于大惊小怪。

19世纪末，美国物理学家莫利和迈克耳孙的实验得出：真空中的光速是等于300000公里每秒的一个常数，而且是一切可能的“物理速度”的上限。这个结论非常重要，它使古典时空概念从根本上被推翻了。

莫利和迈克耳孙千方百计地想观察到地球运动时，对光的传播速度有何影响。起初他们的思维模式还停留在当时所流行的观点里，觉得光就是在被称为“以太”的媒质中运动的波。因此光的表现就应该和池塘表面上运行着的水波一样。当时的人们认为，地球就像一艘行驶在水面上的小船，是通过穿过以太媒质来运行的。认为对于船上的乘客们来说，小船行驶所激起的涟漪，朝着运行方向的速度要比向后扩展的速度慢了一些，原因是，前一种情况中涟漪的速度需要减去小船的速度，后一种情况却是将二者的速度相加的结果。这被称为“速度相加定理”。此定理曾被认为是不证自明的。所以又说，在穿过以太运动时，光的速度应该根据它相对于地球运动方向的不同而不同。结论为，想要测定出地球在以太中运动的速度，就要先测量出光在不同方向上的速度。

可是莫利和迈克耳孙却通过实验发现“无论是在哪个方向上，光的速度都是完全相等的！而地球的运动对光速没有任何影响”。这让他们本人也大吃一惊，并且震动了整个科学界。

为了确认这个事实，他们又做了实验，非常不巧的是，在进行实验的时候，地球在轨道上正好处于相对静止的状态。这样，过了六个月以后，他们选择地球在太阳的另一侧，并且朝着相反的方向运动时，重复了实验，结果发现，光速还是没有任何的变化。

光速跟水波的速度不同，这个结论已经被确定，接下来就是假设光速和子弹的速度相同了。假设我们在小船上用枪射出一颗子弹，那么从乘客的角度来观察，子弹无论射向了哪个方向，其速度都是一样的。莫利和迈克耳孙也已经发现，运动中的地球朝不同方向所射出的光，速度全都相等。但是对于这种情况，从站在岸边的人的角度去看，顺着小船前行方向射出的子弹，其速度要比向相反方向射出的子弹更快一些，因为前者还会加上小船行进的速度，后者却要减去小船前进的速度。但是在这种情况下，站在岸上的观察者就会发现，朝着小船前进方向射出的子弹的运动速度，要比朝着相反方向射出的子弹更快一些：在前一种情况下，小船的速度会同子弹的出膛速度相加在一起，而在后一种情况下，却要从子弹的出膛速度中减去小船的速度。这些同样是速度相加定理传递给我们的。

可是用实验的证明显示，实际情况并非如此。现在就用电中性的 π 介子举例说明：π 介子是一种极小的亚原子粒子，在它衰变的过程中会发射出两个光脉冲。实验发现，不管母 π 介子的运动方向如何，它们射出的速度总是一样的，甚至当 π 介子以接近光速的速度去运行时，结果也一样。

这两个实验，前一种表明，光速是同水波的速度不同的；后一种表明，光速也不同于子弹的速度。最后得出的结论是：不管光源如何运动，也不管观察者处于什么位置和运动中，光在真空中的速度是恒定的。

那么前面提到的，光速无法超越极限速度，具有另外一种独特的性质，又是怎么回事呢？

有的人会问我，“就不能将几个小的速度加起来，从而构造成一个可以超越光速的速度吗？”举例来说吧，假设一列火车的速度相当于光速的 3/4，有一个人在火车顶上，朝着行驶的方向跑去，那么他的速度也无法跟火车的速度相叠加，只不过可以等于火车的速度，即光速的 3/4。

我不想再去细说这个问题，但是可以就计算速度叠加问题给你们一个非常简单的新公式：

如果设两个要相加的速度为 $v_1$ 和 $v_2$，光速为 $c$，那么，合成速度与原来速度的关系应该是：

$$v=\frac{v_1+v_2}{1+\frac{v_1v_2}{c^2}} \qquad (1)$$

仔细观察公式可以得出，如果原来两个速度都很小（这里的很小是较光速而言的）——那么，上式分母的第二项同 1 相比较，就可以忽略不计了，这个时候所得到的结果就是古典速度相加定理。反之，如果 $v_1$ 和 $v_2$ 都不算小，那么，最终得到的结果就会比这两个速度相加要小一点。比如，上面所说的有人在火车顶上奔跑的例子中，$v_1=\frac{3}{4}c$，$v_2=\frac{3}{4}c$，这时，运用上面公式得出的合成速度，$v=\frac{24}{25}c$，结果还是要小于光的速度。

有一种比较特殊的情况，就是当两个速度中有一个在一种特殊的场合下等于 $c$ 的时候，不管另一个的速度是多大，其最后运用公式得出的结果都是等于 $c$。由此得出，无论将多少个速度叠加起来，其最终的结果也不可能大于光速。并且人们通过试验证明：两个速度的合成值总是小于它们的和。

好了，到这里我们已经承认速度是有一个上限的，那么现在就可以开始批判古典的时空概念了。首先要批判的是根据古典概念所建立起来的“同时性”。

“当你在伦敦将一盘炒蛋端上餐桌时，开普敦的矿井正好爆炸。”——在你说出这句话的时候，你会说明白自己是什么意思，但事实上，你并不知道自己说的是什么。从严格意义上来说，这句话可谓没有任何意义。因为，你无法将两个离得很远的时钟弄到一处，让它们都正好指着一个时刻。也就是说，你没有任何方法来验证这两件事是同时发生的。这样，我们又重新回到原来的问题上了。

根据最终得出的结论：光速在真空中不依赖于测量光速的系统和光源的运动状态。因此得出下面介绍的测量距离的方法与测量核对不同观察站的时钟的方法，才是唯一合理的。

假设我们从 A 站往 B 站发出一个光信号，让这个光信号达到 B 站后就马上返回到 A 站。并且在 A 站记录到从发出信号到信号返回 A 站的时间，用这个时间的一半，再乘上固定不变的光速，就可以得出从 A 站到 B 站之间的距离了。

有一种情况是，当光信号到达 B 站时，当地的时钟正好指在 A 站发出信号以及收到信号的时间平均值上，那么就可以证明，A 站和 B 站之间的位置是彼此对准的。如果固定在同一个刚体上的不同观察站，能用这种方法将时钟对准，我们就会最终得到想要的参考系，也就可以回答在不同地点发生的两个事件是否处于同一时间了。

还有人提出质疑，这样的结果能被处于另一个参考系的观察者所认可吗？现在我们就来假设，两个参考系处于不同的刚体上，也可以具体为处于两枚以同一固定不变的速度朝相反方向飞行的火箭上。但是，这些结果会不会为另一个参考系中的观察者所认可呢？为了回答这个问题，我们假定这两个参考系是固定在两个不同的刚体上的，或者具体说是固定在两枚以同一固定不变的速度朝着相反方向飞行的长火箭上吧。然后来看看，这两个参考系的时间该如何对准。

假设在火箭的两端各有一个固定不动的观察者，他们四个要提前对准彼此的表。这时用量尺测量好火箭的中间位置，从这里发出一个光信号，当这个光信号传到了火箭的头尾两端时，处于每一端的观察者就可以将表的指针拨到零。这样，每个火箭上的两个观察者已经将他们那个参考系中的同时性标准确定下来了，也就是将他们的表都对准了。

接着我们来检验一下不同火箭上的观察者时间记录是否一致。可以利用以下的方法：

在每一枚火箭的几何中点位置插上一根带电的导体，当两枚火箭擦身而过的时候，让它们的导体彼此对准跳过一个电火花，如此，光信号就可以从不同火箭的中点向两端传播了，这时两个光束会朝着前后两个方向移动，并且移动了相同的距离。此处请注意！由于在观察者 2A 和 2B 看来，观察者 1B 是朝着向他射过来的光束运动的，因此火箭 1 上向后运行的光束已经到达观察者 1B 的位置了。从 2A 和 2B 的角度看，是因为这个光束所需要走过的距离比较短。因此，观察者 1B 便在其他人行动之前将他的表拨到了零点。在图（c）中，观察者 2A 和 2B 在光束已经到达火箭 2 的两端时，便同时将表拨到零点。只有当出现图（d）的情况时，火箭 1 上向前传播的光束才到达观察者 1A 的位置，使 1A 将自己的表拨到零点。由此我们知道，从火箭 2 上的两位观察者的角度来观察，火箭 1 上的那两位似乎没有对准他们的表。也就是说他们的表不会跟自己的表显示出相同的时间。同时，从火箭 1 上两位观察者的角度看也是一样的，

图（a）

图（b）

图（c）

图（d）

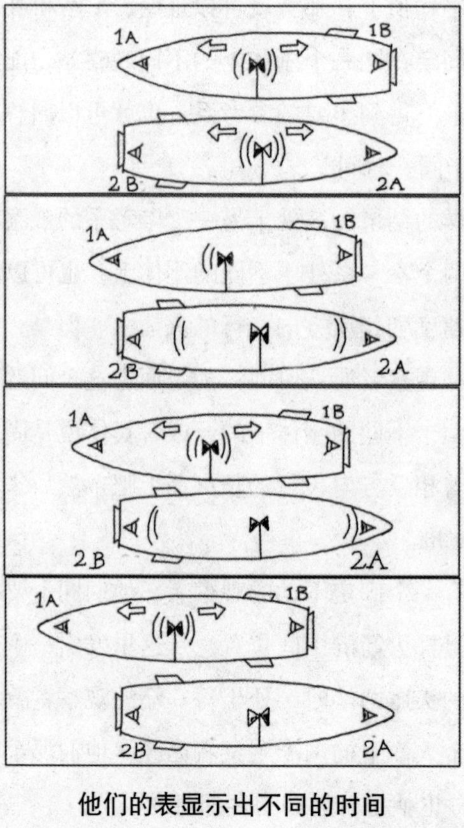

他们的表显示出不同的时间

他们同样认为火箭 2 上的人没有对准他们的表。之所以出现这样看法上的差别，是因为当几个事件同时发生在分隔开的地方时，不同组的观察者就应该先进行计算，才能确定被分开的事件是否同时发生的。也就是说另一个地方的观察者必须提前扣除光信号从远方传过来时所耗费的时间。并且要明白一点：相对于他们本身来说，从任何方向传递过来的光的速度都是恒定不变的。开始我们假设两枚火箭是完全相同的，它们的速度也是固定不变相等的，所以对于两组观察者看法上的差异，我们只能说，从他们各自不同的角度来看都没有错。非要论出个对错，是没有任何物理意义的。

恐怕对于我这番冗长的议论，大家已经听得十分疲倦了。但是只要你肯耐心地听下来，就会弄明白，采用我所说的时空测量方法，绝对的同时概念就不复存在了。也就是说，当某个参考系中同一时间、不同地点发生的两个事件，被另一个参考系来观察时，就会变成不同时间、不同地点所发生的两个事件了。

对于这种结论，很多人乍一听觉得是反常或极端的。那么我这样举例，也许你就会更加明白了：比如说你在火车上用餐，你点的面包和汤都在火车上的同一个桌面上放着，但你却是在相距很远的两个地方吃下去的。仔细想想，你是不是也会觉得反常呢？好了，现在我们将正常的事件用好似“荒谬”的说法来重新复述一遍，也就是将火车上用餐的说法说成是，在某个参考系中的不同时间、同一地点发生的两个事件，从另一个参考系来看，将会变不同时间、不同地点所发生的两个事件。所谓正常的事件和荒谬的说法，对比一下就会发现，它们二者是完全对称的。只是将其中的一种说法换成了另外一种说法而已。

探究爱因斯坦的整体思想就是：古典物理学的观点认为，时间是不依赖于任何空间和任何运动的存在，不受外界事物的影响且均匀流动着的；相反，新物理学的观点认为，时间和空间是紧密相连的，只是一切可以观察到事件的“时空连续统”的两个截面。

同一个参考系中，在空间中由距离 l、在时间上由间隔 t 分开的两个事件，在另一个参考系来看，分开它们的时间间隔变成 t'，空间距离则将变成 l'。像在火车上吃饭的例子一样，是容易被理解的普通概念，而将这种概念说成是从空间转换成时间，就似乎是反常的了。其实从某种意义上来说，我们是可以将时间转化成空间或将空间转化成时间的。关键在于，如果用厘米这个单位来测量距离的话，时间的单位就不可以用秒，因为它相当于光信号走过 1 厘米的距离所用的时间，即 0.000 000 000 03 秒。所以在平时的生活经验中，我们是观察不到时间与空间互相转化所产生的结果的。这也容易让人赞同时间是绝对独立的古典论断。

在研究速度相当高的——如原子内部的运动或是放射性物质发射出的电子运动时，我们一定会碰到上面所说的两种效应，面对这种情况，相对论的作用就非常重要了。即使在研究行星运行这样速度比较小的区域内，也可以观察到相对论的效应。但是想要真正观察到它们，就要先测出行星每年运动一共需要几分之一弧秒的变化。

对于古典的时空概念进行批判会出现“空间间隔与时间间隔互相转变”的结论。即从不同的体系测量一个相同的时间或距离时，便会出现不同的数量值。

我们就这个问题进行了一个较为简单的数学分析，得出一个可以计算出这些值变化的公式，它用来告诉我们，任何长度为 $lo$ 的物体，当它相对于观察者以速度 $v$ 进行运动时，长度便会缩短，具体缩短多少，就取决于它的运动速度了。观察者所测量到的长度 l 是这样计算的：

$$l = l_0\sqrt{1-\frac{v^2}{c^2}} \qquad (2)$$

从公式中可以了解到，这就是相对论空间缩短效应。当 $v$ 越近于 $c$ 时，$l$ 就变得越小。需要补充的是，这里的 $l$ 指的是物体在它运动方向上的长度。其与运动方向所形成的直角是不会发生改变的。因此物体才会显得缩扁了。

同样，一个需要花时间为 $t_0$ 的过程，被一个做相对运动的参考系观察时，它所用的时间将会更长一些，是这样计算的：

$$t=\frac{t_0}{\sqrt{1-\frac{v^2}{c^2}}} \tag{3}$$

在公式中，随着 $v$ 的增大，$t$ 也会增大。而当 $v$ 的数值接近于 $c$ 时，$t$ 便会非常大。其结果就是会导致正在发生的运动几乎停滞下来。这便是著名的相对论时间延长效应。因此人们认为宇航员们因为遨游太空更接近于光速，变老的速度才会特别慢。

我希望大家铭记的是，这两种效应是完全对称的。举例来说，当行驶着的火车上的人觉得站台上的人动作太慢、长得太瘦的时候，站台上的人对火车上的乘客也是一样的看法。这个看似荒谬的问题，还引出了一个“双生子佯谬”的问题。具体是说有两个孪生兄弟，一个留在家里，一个外出旅游了，他们按照前面所论述的理论对另一个人进行观察，通过公式计算，双方都认为自己的兄弟会老得慢一点。那么当兄弟俩再次见面时到底会是什么样的景象呢？首先我们要知道，兄弟俩的立足点是不一样的，从外地往家赶的兄弟经历了加速的过程，而留在家里的兄弟则处于非匀速的运动中。所以留在家里的人认为他的兄弟显得更年轻一些是没有道理的。

在演讲结束之前，我还要强调一下。也许你们会疑惑，到底是什么东西的存在阻止着我们将物体的速度加速到比光速更快呢？有的人可能会想如果给物体足够长的时间和足够大的力，让它得以一直加速下去的话，必然能达到任何的速度。

要知道物体的质量决定了物体开始运动的难度或使物体加速的难度。

按照力学的原理，质量越大，速度增大的难度也就越大。

所以说，当物体的速度接近于光速的时候，它的阻力，也就是物体的质量必定也会无限地增大。我们运用数学理论，得出了一个计算这种关系的公式，它同公式（2）和（3）很相似。如果 $m_0$ 是物体速度非常小时的质量，那么当速度等于 $v$ 时，质量 $m$ 便是：

$$m=\frac{m_0}{\sqrt{1-\frac{v^2}{c^2}}} \tag{4}$$

由此可以证实，当 $v$ 接近于 $c$ 时，进一步加速所碰到的阻力（即质量）便会无限增大。所以，$c$ 便成了极限速度。

关于质量相对论性的变化效应，是可以通过高速运动粒子上的实验来观察到的。举一个已经在美国斯坦福实验室中证明了的实验说明：作为原子内部非常小的粒子——电子，是围绕着原子的中心核来运动的。由于电子的质量非常小，所以很容易对它们进行加速。当把电子取出放入特制的粒子加速器中时，在强大电力的作用下，电子可以加速到非常非常高的速度，这个速度较光速也就差了一个零点零零几的百分数。但是想再进

一步加速这些电子时，所受到的阻力相当于比电子本身质量大 40 000 倍的质量。

除此以外，时间上的延长也已在瑞士日内瓦郊外的欧洲核子研究中心（CERN）高能物理实验室得到证实。这个实验发现，将不稳定的 $\mu$ 子（一种基本粒子），放入一种像大空心轮胎的圆环形机器中高速回旋运动时，$\mu$ 子的寿命会比之前延长 30 倍。这个数值正好是前面时间延长的公式所计算出来的。对于这样快的速度，古典的力学已经没办法适用了，于是我们开始进入纯相对论的领域中。

# 第三章
# 汤普金斯先生的假期

上次在相对论性城市的奇遇让汤普金斯先生倍感愉悦，但美中不足的是，授课的那位教授当时并不在他身边，因而对于那些所遇的奇异事件，尤其是火车司机阻止乘客变老的谜团，他都难以获得解释，这些谜团几乎让他绞尽了脑汁。冥思苦想了很多个夜晚之后，汤普金斯先生苦闷地躺在床上，他多么希望可以再次拜访那个有趣的城市啊！可他偏偏平时很少做梦，而且即使做梦，也多是些并不愉快的梦，比如上次，他梦到银行的经理在对他发火，指责他银行的账目处理得不清楚……所以，汤普金斯先生意识到，要请个疗养假了，该去海边或者什么地方待上一个星期了。正因为这样，他现在就坐在了火车的一节车厢里，透过窗户向外望去，随着列车驶离都市，那些灰色的屋顶也渐渐稀落直至消失，取而代之的是青翠的牧场。虽然比较倒霉，汤普金斯先生没能赶得上教授的第二次讲演，不过他已经从大学的教务处求得了教授演讲稿件的复印件，并且就带在身上。他从手提箱里拿出了演讲稿，兴致勃勃地阅读了起来。此刻，列车在微微地晃动着，汤普金斯先生感到非常的惬意。

当他放下演讲稿，再向窗外望去的时候，景观已发生了巨大的变化。电线杆一根根紧密地排成一列，就像是整齐的篱笆，行道树戴着狭长的树冠，一棵棵都犹如意大利丝柏那般瘦长。在他的对面，他朝思暮想的那位教授朋友就坐在那里，同样也是在兴趣盎然地观赏着窗外。教授可能是在汤普金斯先生专注阅读的时候进来的吧！

# 第三章　汤普金斯先生的假期

“我们现在就在相对论的领域里了，”汤普金斯先生说，“是吗？”

“是的，”教授感慨地说，“这里你很熟悉吗？”

“我已经来过这里一次了，不过，上次可没这么幸运，没能同您一起旅行。”

“这么说来，你也是位懂相对论的物理学专家啦？”教授问道。

“啊，不是这样的！”汤普金斯先生赶忙解释道：“我才刚开始接触相对论，到现在为止，我只听过一次演讲。”

“这样也不错啊，什么时候开始学都不算晚。那是多么吸引人的课题啊！那么，你是从哪里学的呢？”

“在大学里，就是听您的演讲。”

“我的演讲？”教授喊了出来。他认真地打量着汤普金斯先生，然后露出了赏识的笑容。“对了，你就是那个因为迟到就坐在最后排的人！我想起来了，怪不得看起有些面熟呢。”

“我是不想扰乱……”汤普金斯先生带着歉意嘟哝着。他真希望这位观察力敏锐的教授没有注意到他在演讲的后半段睡着了。

“不，没关系的。”教授回答说，“大家经常都会这样。”

汤普金斯先生稍微犹豫了下，然后鼓起勇气说：“我实在不想打扰您，不过，我很想问您一个问题。上次在这里的时候，我遇到了一位火车司机，他坚称，车上的乘客之所以比城市里的居民衰老得缓慢，是因为火车在不停地运动。我有些困惑……”

教授稍加思索，然后回答说：“假如两个人都处在匀速相对运动中，那么，其中任意一人都会认为对方比自己衰老得更加缓慢，这就是相对论的时间延长效应。列车上的乘客会认为车站的售票员衰老得更缓慢，同样的，售票员也会得出结论，衰老缓慢的不是别人，恰恰是乘客自己。”

“但是，总不可能他们说的都对啊！”汤普金斯先生提出了异议。

“这为什么就不能呢？从他们各自的视角看来，他们的观点都是正确的。”

“那么究竟谁才是正确的呢？”汤普金斯先生倔强地问道。

“你不能提出这样模糊的问题。在相对论里，你得出的结论一定是基于一个特定的观察者的——一个相对于观察的对象进行了一定运动的观察者。”

“可是我们都知道，车上的乘客看起来的确比售票员年轻啊——这也是客观的事实啊。”接着，汤普金斯先生就开始描述起了他上次碰到的那位经常外出的绅士与其孙女的情形。

“好了，好了！”教授烦躁地打断了他，“这就是双生子佯谬的例证。你可能还记得，我在第一次演讲中说到过这个问题。那位祖父经常会进行加速运动，这与他的孙女不同，他并没有保持很固定的匀速运动状态。所以，这就是为什么她的盼望是正确的——当祖父回到家里的时候，两人面对面进行比较，祖父会显得更加年轻。”

“我想起来了，”汤普金斯先生赞同，“可是，我仍然很困惑。利用相对论时间延长的效应，从那位孙女的视角可以解释为什么她的祖父更加年轻，这毫无疑问。但是从他祖父的视角来看，他的孙女比自己更老这件事，又该如何理解呢？”

“哦。”教授回答说，“不过这个问题在我第二次演讲中已经讨论过了，你还有印象吗？”

此时汤普金斯先生只好把他错过那次演讲的过程如实说来，并表示正在阅读演讲稿来进行弥补。

“我知道了。”教授简明地说，“好吧，那我就再总结一下：为了让这位祖父可以理解发生了的事情，一定要让他弄清楚在他改变运动状态的时候，他的孙女会相对地产生什么样的变化。”

“那是产生了什么变化呢？”汤普金斯先生问道。

“听仔细些，当他以匀速向前运动的时候，他的孙女会衰老得比较缓慢，这是普通的时间延长的解释。但是，当司机拉动制动阀时，或者在返程中进行了加速，那么，这就会对孙女的衰老过程起到相反的作用：从祖父的角度看来，孙女的衰老过程正在加速进行。就是在这些短暂的非匀速运动时间内，孙女的变老路程超过了她的祖父。所以，即便孙女认为她在家里围着锅灶匀速转动时，自己的衰老速度会比正常情况慢，但祖父回来时产生的绝对效果就像他预想的那样，孙女会比自己更老，事实上，这也正是他回到家里时看到的情况。”

“这是多么难以想象啊！”汤普金斯先生感慨说，“但是，对于这种现象，有没有科学证据可以表明呢？有没有实验数据能够证明确实发生了这种程度不同的老化现象呢？”

“当然。在我第一次演讲中，我介绍过在欧洲核子研究中心实验室里的 $\mu$ 子。那些环绕着空心轮胎回旋的不稳定 $\mu$ 子，运动速度可以很接近光速，它们在发生衰变前存在的时间，要比那些在实验室里静止不动的 $\mu$ 子长 30 倍。运动着的那些 $\mu$ 子就等同于祖父，它们会不断

你所看见的事情，什么也证明不了

地回旋那个路程，而且一直受到驱使它们前进以及把它们带回出发点的力的作用。而静止的 $\mu$ 子就等同于孙女，它们在以正常的速度衰老，所以会比那些运动着的 $\mu$ 子更早地发生衰变，也可以认为是更早地死亡。”

“实际上，还有另外一种间接的证明方法。”

“其实，在非匀速运动系统中发生的情况，与一个较大引力作用产生的效果是很相像的——或者我应该说，它们根本就是相同的。可能你已经注意到了，当你乘坐的电梯在急速地加速向上运动的时候，你就会感觉自己好像变重了一样；而相反地，当你乘坐的电梯在快速下降的时候，你又会感觉自己有失重的趋势（倘若拉动电梯的钢索断了，你会有更清楚的认识）。这个现象应该这样解释：相对地球的重力需要加上或者减去加速度所产生的引力场。在加速度与引力之间存在的这种相同的效应，意味着通过考察引力对时间产生的效应，我们可以对加速度所产生的效应进行研究。现在发现，地球的引力会让位于高塔顶端的原子比底端的原子振动得更加迅速。这与爱因斯坦所预言的情况不谋而合。”

汤普金斯先生眉头紧皱，并没有看出高塔原子的不同速振动与孙女的衰老问题有什么关系。教授注意到了这一点，然后又开始了论述。

“假设你在塔底观察塔顶发生的原子振动加速现象。此时，你一直在承受一种外力的作用：为了抵消地球引力，大地会向上推着你。正是由于这个向上的推力参与了作用，加快了被推物体的时间进程。当原子向塔顶离你越来越远时，你与它们之间的引力势差就会越大，也就是说，比起与你同处于塔底的原子，塔顶的原子振动得更加迅速。”

“同理，如果在列车上的你受到了某种外力的作用……”教授稍微停顿了一下，“实际上，我认为我们的火车正在减速，司机已经拉下了制动阀了。太巧了，你看这个时候，座椅的后背就给你施加了一个力，改变了你的运动速度。这个力的作用方向是与火车运动方向相反的。此时，所有的物体沿着这个方向发生的时间进程都会加速。要是你说的那位孙女刚好在那里，在她身上就可以看到这种变化。”

“我们现在到哪儿了？”教授停下了话头问道。

此时火车正在通过一个乡间小站的月台。月台上很冷清，空空荡荡的，只能看到站长与一个年轻的搬运工人，那个搬运工人正坐在距离很远的一个送行李的手推车上看报纸。突然，站长抬了下双手，然后扑倒在了地上。汤普金斯先生并没有听到开枪的声音，或许它被火车嘈杂的声音掩盖了，但是，站长身下流出的鲜血已经说明了整件事情。教授赶忙拉下了紧急制动器，火车猛烈滑行之后停了下来。当他们走出车厢的时候，看到那个年轻的搬运工人跑向了尸体，并在地上捡起了一把手枪。正在此时，一位乡警也赶到了事发现场。

“子弹打穿了心脏，”警察验尸之后说，果断地控制住了搬运工人，“我现在宣布逮捕你这个杀人凶手，交出枪来！”

搬运工人一脸惶恐，“这不是我的枪！”他喊了起来，“这是我刚从地上捡起来的，那时候我正在看报纸，听到有枪响，我就跑了过来，刚好看到了地上的手枪，它一定是凶手丢弃的！”

“你真是会编故事啊！”警察愤怒地说。

**很高兴认识你，慕德**

“我真的，”搬运工人声音更大了，“我不是凶手！我为什么要杀害老站长呢……”他无助地看向四周，然后指着汤普金斯先生与教授，“这两位从火车上下来的先生，肯定全都看到了，他们一定可以证明我是无辜的！”

“没错，”汤普金斯先生说，“我亲眼所见，站长被枪杀的时候，他正在看报纸，而且手上也没有枪。我可以以《圣经》发誓。”

“不过，你刚才在疾驰的火车上，”警察用毋庸置疑的口气说，“那么，你所看到的就无法证明任何事情。因为从月台上看来，那个人可能正在开枪，你难道不知道，两件事情是否是同时发生的，取决你是从哪个系统进行观察的吗？你还是老实跟我走吧。”他对着搬运工人说。

“打扰下，警察先生，”教授插话说，“不过你真的错了，我认为，你警察局里的同事并不会像你这样麻痹大意。当然，在你这个世界里，同时性这个概念具有高度的相对性。而且，在不同地点观察到的两个事件的发生是不是同时的，也的确取决于观察者的运动状态。不过，即使是在你们这个世界里，也没有人可以先看到结果而后看到起因。你永远无法在电报还没发出的时候，就接收到这份电报，是这样的吧？难道你可以在酒瓶还没打开之前，就已经喝到了里面的酒？现在的情况是，我们看到了站长倒地之后，才看到这位搬运工捡起了枪。我想，你大概认为火车在运动的时候，我们有可能先看到站长倒地，然后再看到凶手开枪。但是，尊敬的警察先生，我必须要说，这是不可能的，即使在你们这个世界也不可能。我知道，你们警察是相信警队条令的。你再仔细看下那些条令，或许可以找到相关的说明。”

教授的话感染了警察，于是他拿出军队条令，一页页开始查找，终于，他的方脸变红了，露出了难为情的笑容。

“在这里，”他说，“第 37 节第 12 款第 5 条：‘如果有确凿的证据表明犯罪发生的瞬间或者在前后时间间隔 $\pm d/c$ 内（c 为天然速度极限，d

此处为距离犯罪地点的距离），有人看到某犯罪嫌疑人在做另外的事情，那么不管证据是不是来自运动的系统，则都应该看作是该犯罪嫌疑人没有犯罪的铁证。’”

“你是无罪的，小伙子。”他对那个搬运工人说道，然后对教授说：“先生，太感谢您了，不然回到警局我肯定会被处罚。我刚上任不久，对条文不太熟悉。不管怎样，我现在得向上级汇报了。”说着，他离开去打电话了。过了一会，他就在月台那边向教授他们喊道：“问题都解决了！真正的凶手在逃离车站的时候被抓到了，再一次表示感谢。”

“可能我太笨了，”汤普金斯先生说，这时火车又重新开动了，“不过，你们对于同时或者不同时的这些探讨，究竟是什么原因呢？难道在这个世界里，同时性真的不具有任何意义吗？”

“的确是这样的，”这是教授的回答，“但这种理解存在一定的范围性，不然，我们就无法帮助那个搬运工人了。要知道，所有物体的运动或者信号的传播，都存在一个天然的速度极限，这使得同时性这个词的字面意义消失了。通过下面的例子，你就可以清楚地看到这一点。假如你有个朋友住在一个遥远的城市里，你需要通过书信与他保持联络，而且暂定飞机是最快的传递工具，通过航空运输信件需要三天才能从你这里抵达他那里。现在再假设你星期日遭遇了一件事情，并且你知道，你的朋友也将遭遇同样的事情。很显然，在星期三之前，你是无法通知朋友获悉这件事情的。但从另一个角度说，如果他提前知道你要出事，那么，他可以事先通知你的最晚时间，是上周四。这样算来，从上周四到下周三这 6 天的时间内，你的朋友既不能影响你的遭遇，也无法得知你是否有事。所以，只论因果的话，可以认为，他有 6 天与你失去了联系。”

“那么，电子邮件的作用是什么呢？”汤普金斯先生又好奇地问道。

“问题是，这里我假设飞机的速度就是可以实现的最大速度，这一点在现在所处的这个世界里可能是对的。但是在我们真实的世界里，光速才是最快的速度，无论是什么信号，都不会超过无线电的速度。”

“但是，”汤普金斯先生说，“就算飞机的速度是无法超越的，那这与同时性有什么关系呢？我与我的朋友，在周末的晚上不是同时在吃晚饭吗？”

“并不是，在这种情况时，这种描述对于你们毫无意义。有些观察者会同意你的说法，但是，对另外一些在不同飞机上的观察者而言，他们就会肯定地认为，当你在吃周末的晚餐时，你的朋友正在吃的是周二的早饭或者是周五的午饭。不过，要是超过了 3 天，就没有人可以观察到你与你的朋友在同时吃东西了。”

“啊？这怎么可能！”汤普金斯先生觉得难以置信。

“但这是非常好理解的。也许，你已经从我的演讲里发现了这一问题：从不同的运动系统中可以观察到的速度上限，一定是相同的。如果我们承认这个事实，我们就会得出结论……”

不过，由于火车已经抵达了汤普金斯先生的目的地，这些讨论就被终止了。

一天早上，汤普金斯先生要去海边游玩，当他去旅馆楼下的玻璃长廊里吃早饭的时候，又遇到了一件奇怪的事情。在他对面靠近长廊角落位置的餐桌边，老教授与一位漂亮的女士正坐在那里。那位女士身形体态非常迷人，可能年龄才 30 多一点，这只比自己小几岁。他实在难以想通，为什么这样一位女士会青睐教授这个头发花白的老爷子。

这时，这位女士无意间朝他这里看了一眼。汤普金斯先生还不及把目光收回，就已经被她发现自己在盯着她看了，这让汤普金斯先生感到很难为情。不过，她只是表现出了礼貌的笑容，然后就转回头看着她的同伴了。不过教授刚才也一同扭过了头，看到了汤普金斯先生。当两个人的目光对在一起的时候，教授幽默地点了点头，好像是在告诉汤普金斯先生：“难道我不知道你是从哪里来的吗？”

# 第三章　汤普金斯先生的假期

汤普金斯先生感觉最好还是去做个自我介绍，虽然第二次这么做会显得比较滑稽，不过，他已经意识到了，昨天列车上的遭遇不过是自己的一个梦罢了。此时，教授很热情地邀请他与他们一同用餐。

“我来介绍一下，这是我的女儿慕德。”教授说。

“您的女儿！”汤普金斯先生惊讶地说道。

“有什么问题吗？”教授好奇地说。

“没，没有，”汤普金斯先生支支吾吾地说，“没有，当然没有。认识你很高兴，慕德。”

她微笑着与汤普金斯握了手。等两人回到座位上用餐时，教授对汤普金斯先生问道：“对于上次演讲里，我讲解的关于弯曲空间的内容，你有什么见解吗……”

“爸！”慕德不失时宜地想要阻止他，不过教授没有理会。如此一来，汤普金斯先生不得不再一次对上次的演讲表示歉意，这看起来像是第二次道歉一样。不过，当得知他用心地找到了上次演讲的手稿，而且在努力地学习，教授还是被深深地打动了。

“很好，你是个好学的人，”他说，“如果我们都不想躺在沙滩上浪费生命的话，我可以给你做一回私人教师。”

“爸！”慕德生气地说。“我们来这里可不是干这个的啊！我说服你来这里，是想让你先停一下工作，好好休息一个星期的。”

教授只好笑笑。“总是爱数落我。”他宠溺地拍了拍慕德的手背，“这次休假可是她的主意。”

“这也是医生的建议啊，考虑下吧！”她提醒道。

“哈，不管怎么说，”汤普金斯先生赶快转移话题，“我的确在您的第一次演讲中学到了很多。”他笑着对教授讲起了他梦中的相对论世界的事情——道路是怎样显著地被缩短了，时间延长效应又是如何神奇地显现出来的。

“瞧，我以前和你说什么来着。我常说，”慕德对教授说，“如果是想进行科普，就应该让演讲的内容更加具体化。这样人们才可以把你所讲的各种效应与日常生活联系起来。我觉得汤普金斯先生这些相对论世界中的故事就可以加进去。你原来讲得太抽象了，太学院气了。”

“太学院气，”教授笑眯眯地又重复了一次，“她总爱这么说我。”

“你就是这样的啊！”

“好好，”教授让步了，“我一定考虑。但是，”他对汤普金斯先生补充说，“你讲的那些故事并不可能发生。即使速度的极限仅有 20 公里每小时，你也无法看到行驶中的自行车变扁。”

“我无法看到吗？”汤普金斯先生问道，他表现出了明显的困惑。

“并不是你想的那样的，问题的缘由是，你用眼睛看到的，或者用照相机拍下的某个东西的样子，取决于那一瞬间抵达你眼睛或者相机镜头的光的来源。如果从自行车靠后的位置发出的光，比靠前的位置发出的光，要通过更长的距离才可以到达你这里，那么，同时到达某地的源于自行车上两个位置的光，一定是在不同的时间发出的。换个说法就是，发出这个光的时候，自行车的位置是不同的。在靠后的位置发出光后，自行车已经向前行驶了一段时间了，因此，人们依然会感觉它是来自后一个位置……”

汤普金斯先生并没有听懂，所以教授停止了讲述。汤普金斯先生想了一会儿，然后无奈地耸了耸肩。

“没关系，其实我想说的是，由于光速是有限的，所以就会发现看到的东西变形了，但事实上，在相对论的世界里，你应该看到的是一辆近乎倒转过来的自行车。”

“倒转的自行车！”汤普金斯先生惊叫了出来。

“是的，正是这种情景。那辆自行车会看起来像是倒转了，而不是变扁了。只有在你获得这种不完全的观察结果——比如说照片中的数据是你拍到的，而且你充分地考虑到了抵达镜头的不同位置的光会耗费不同的传播时间，然后再进行计算（要注意的是，这里是计算，而不是只看照片）——只有这样，你才可以得出结论，想要得到这张照片中的图像，自行车的长度肯定是变短了，或者说它变扁了。”

“你又开始了，这完全是学院派的作风，专门挑刺！”慕德插嘴说。

“什么叫专门挑刺！”教授生气了，“这完全不是挑刺啊！”

“算了，我还是回房间里了，我得去取我的写生画板了。”她解释说，“你们俩就继续讨论吧！中午见！”

慕德走后，汤普金斯先生猜想说：“我猜，她可能很喜欢学美术吧。”

“学美术？”教授鄙夷地看了他一眼，“我可不许你这么说她，她可是个专业的画家，而且已经颇具名气了。你也知道，并不是所有人都可以在德邦大街的美术馆举办个人作品展览会的。上个月《泰晤士报》还对她的展览进行过报道呢。”

“真的吗！”汤普金斯先生又一次惊讶了，“您一定很为她感到骄傲吧。”

“是啊，所有的都很好，但是……”

“但是什么？您要说什么呢？”

“没什么，不过当画家这件事，本是我并不赞同的事情。有段时间，她是打算成为一名物理学家的。她很出色，在学院里，她的物理和数学水平都是最全面最高的。可是后来，她放弃了这些。就是这样的……”教授声音变得低沉了下来。

等平复了情绪，教授又开始说：“不过，正如我所说的，她已经有所成就了，而且也很快乐，那么，我还奢求她什么呢？”教授透过餐厅的玻璃窗向外看着。“想和我一道吗？我们可以在别的游客还没出去之前，先抢到两张帆布床，然后……”他小心翼翼地朝四面看看，确信慕德不在附近的时候，他悄悄地告诉汤普金斯先生，“然后，我们就可以对物理世界进行畅谈了！”

于是，他们两人来到了海滩上，坐在了一个清静地方。

“好了，”教授开始了话头，“让我们来探讨下弯曲空间吧。”

“为了便于理解，我们就从表象上开始谈起吧。让我们想象，壳牌先生——你知道的，他拥有很多的加油站——想要考察一下，看他的加油站在某个国家里，就比如美国，是不是均匀地分布着的。为了完成考察，他给设在这个国家中心位置（人们通常把堪萨斯市认为是美国的中心）的办事处下达了一项命令，让他们分别计算出距离中心城市方圆 100 公里、200 公里、300 公里以内公司拥有的加油站的数目。在上学的时候壳牌先生就知道，圆的面积与它的半径的平方成正比，所以，在他的预想中，加油站均匀分布的情况下，计算出的加油站的数目也会像数列 1，4，9，16……这样增加。但当他看到最终的统计报告时却惊讶地发现，实际中加油站数目的增长要慢上很多，我们就比如是按 1，3.8，8.5，15.0……这个数列增长。‘这是为什么！’他愤怒了，‘我这些美国的经理们太不懂业务了，把加油站都集中在了堪萨斯市的旁边，这真的太不明智了！’不过，壳牌先生得出的这个结论正确吗？”

“正确吗？”汤普金斯先生喃喃自语，他正在想别的事情。

“这是不对的！”教授严肃地说，“他忘了一件重要的事情，地球的表面并不是一个平面，而是一个球面。在球面上，某一半径所对应的面积随半径增大的速率，要比在平面上的慢。你难道真的没看出来吗？这样，你取个球来自己试试看。比如说，你刚好站在北极点，那么，半径为经线一半的圆就是赤道了，它包含的面积就是北半球的面积。我们把半径增加 1 倍，这样你就可以得到整个地球的面积了。这时候，我们得到的面积比之前只增加了 1 倍，并不是像平面中的那样，会增加 4 倍。现在想明白了吗？”

“想明白了，”汤普金斯先生说，然后尽量集中精力，“这属于正曲率还是负曲率呢？”

“这就是我们所说的正曲率，就像这个球体例子所表现的那样，它对应的是具有确定面积的有限表面的情况。而对于属于负曲率的表面，我们可以用马鞍来做例子。”

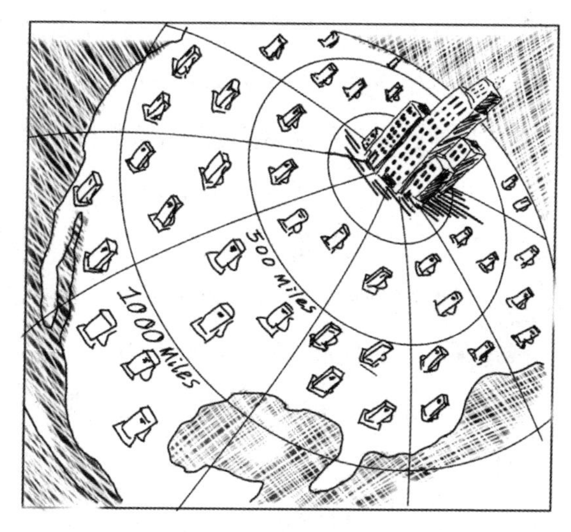

加油站都集中在堪萨斯市附近

“用马鞍？”汤普金斯确认道。

“是的，用马鞍，又或者可以用地面上两座山之间的马鞍形山口作为例子。假设有个植物学家，住在这个马鞍形山口中的一间茅草屋里，他对茅草屋周围生长的茂密的松树很感兴趣。如果他计算生长在距离茅草屋分别是33米、66米、99米……范围内的松树的数目，他就可以发现，松树的数目比按照距离的平方规律增长还要快，原因就是，在马鞍形面上，某个半径所对应的面积，要比它在平面上所对应的要大。人们把这种表面称为具

建在鞍形山口的小茅屋

有负曲率的表面。如果你想把一块马鞍形的面平铺在平面上，就不得不使一些地方发生折叠。但如果你要想把一个球面平铺在平面上的时候，假如它无法拉伸，你就不得不把这块球面撕开一些裂缝。”

“我明白了，”汤普金斯先生说，“您的意思是说，马鞍形面虽然也是弯曲的，不过它却是无限的。”

“就是这样的，”教授赞赏地点点头，“马鞍形面在各个方向都会无限地延展，而且永远不会闭合。当然，在我举的那个马鞍形山口的例子中，要是你走过了山顶，表面就不是负曲率了，因为你已经进入了是正曲率弯曲的地面了。不过，你可以想象得出，一个任何位置都是负曲率的表面会是什么样一种情景。”

“但是，这要如何运用到三维的弯曲空间中呢？”

“原理是相同的。假设天体在宇宙空间中是均匀分布着的——我的意思是，任何两个相邻天体之间的距离都是永远相等的。然后再假定你要求出距离你不同范围内天体的数目。如果求出的数目与距离的立方按一定比例地增大，那么，这个空间就是平坦的；如果这个增大的速率比距离的立方缓（或者急），那么，这个空间就是正曲率（或负曲率）的。”

“如此说来，在空间具有正曲率的情况下，在某个范围内，它的体积就相对会小一点，而在空间具有负曲率的情况下，它的体积就相对大一些？”汤普金斯先生总结道。

“就是这样的，”教授微笑着说，“看来，你已经可以正确地理解我说的话了。为了知道我们生活的宇宙是正曲率还是负曲率的，就需要按照这种方式去计算遥远距离的天体的数目。你可能也知道一些巨大的星云，它们在宇宙空间中就是均匀地分布着的，我们可以看得到的最远的星云距离我们几十亿光年之遥远。在用这种方法来研究宇宙的曲率时，它们是很有用处的。”

“这太让人吃惊了。”汤普金斯先生说道。

“是的，”教授认同了他的说法，“但是还有更让人意想不到的呢！如果曲率是负的，我们就可以展望，三维空间会向着所有的方向一直延展下去，就如同二维世界的马鞍形曲面那样。要是反过来，如果曲率是正的，那就意味着三维空间是有限的，而且是封闭的。”

“这要怎么理解呢？”

“怎么理解？”教授稍稍思考了下，“也就是说，假如你从北极出发，乘坐宇宙飞船竖直朝上飞，而且是沿着直线且方向保持不变，那么，你最终会从地球出发点相反的方向回到地球，也就是地球的南极方向。”

“啊？这绝对是不可能的！”汤普金斯震惊地喊道。

“以前人类不也认为环球旅行是不可能的吗？过去，在人们的观念里，地球是平坦的，所以，假如一个冒险家一直向着西方毫不偏离地走，人们就会认为他将越来越远离出发点；可是最终，人们发现他从东方回来了。这也是相同的道理啊。而且……”

“不要而且了！”汤普金斯先生试图阻止教授继续这个话题，他的观念已经被颠覆了。

“我们的宇宙正在膨胀，”教授毫不在意他的抗议，继续说道，“我之前是和你说过的，宇宙的星系以及星系团正在相互退行，彼此远离。星系距离我们越远，它们退行的速度就会越快。这都是宇宙大爆炸的结果。对了，你知道宇宙大爆炸吗？”

汤普金斯先生点了点头，心里却想慕德究竟去哪儿了！

“好，”教授继续说，“宇宙是这样诞生的，最初，一个点发生了大爆炸，从而产生了宇宙中的万物。在大爆炸以前，什么东西都没有，既没有空间，也没有时间，一切都不存在。大爆炸就是宇宙万物的起点。之后，各个星系就开始彼此之间远离。不过，由于它们之间存在着相互作用的万有引力，所以它们远离的速度就会逐渐地减缓。这就出现了一个事关我们生死的事情，那就是：各个星系远离的速度是否可以挣脱万有引力的束缚呢（如果可以，宇宙就会无止境地一直膨胀），还是说总有一天将会停止，然后又被万有引力拉扯回来？如果它们被拉扯了回来，那就将会发生一次大挤压。”

“在大挤压发生之后，会怎样呢？”汤普金斯问道，他的好奇心又被激起了。

“可能那就是世界末日了——宇宙不复存在了。或者，也可能出现循环——一种大循环。也就是说，宇宙可能是脉动的：先进行膨胀，然后进行收缩，紧接着是再一次的膨胀与收缩的循环，之后永远这样循环往复。”

“那么，宇宙究竟是哪种情况呢？”汤普金斯先生问道，“它会永远膨胀下去，还是说终究会走向大挤压呢？”

“我也难以论断。这取决于宇宙中物质的数量，也就是说，究竟有多少物质在产生使得膨胀减缓的万有引力。科学家们似乎通过巧妙的方法测算出了它。物质的平均密度会接近于一个临界值，也就是说，把两种不同情况分离的极限值。不过要测出它究竟有多大极为困难，因为我们现在已经知道，宇宙中绝大部分的物质是不会发光的，它们与附着在恒星上闪亮的物质不同。因此，我们把它们称为暗物质。也正因为它们是暗的，所以要对它们进行探测就会困难很多。不过现在我们知道，它们在宇宙所有物质中的占比可达到99%，就是因为这些暗物质的存在，使得宇宙的总密度很接近于临界值。”

“这太让人难过了，”汤普金斯先生感叹道，“我很想知道宇宙究竟会朝着哪个方向发展。但是宇宙密度的事情却这么难解决，真是太遗憾了！”

“这样啊，你说的有的是正确的，有的是错误的。正因为宇宙的密度（在所有可能的值中）如此接近临界值这个事实，让人们联想到其中肯定有更为深层次的原因。很多人认为，在宇宙诞生的初期，有某种机制对密度逐步趋向一个特殊值起到了引导性的作用。也就是说，密度可以这么接近这个临界值并不是偶然现象。实际上，我们现在认为已经找到了那个机制，那就是‘暴胀理论’……”

“爸！你又在胡言乱语了。”

慕德的突然出现吓了两人一跳。她是从他们身后走过来的，当时他俩还在物理的世界里畅游呢。“休息下吧。”她说。

“我们马上就结束了，”教授仍不肯停下，他又对汤普金斯先生继续说，“在她粗鲁地打断我们之前，我刚要告诉你，我们所讲的这些事情都是相互关联的。如果物质的数量多到足以发生大挤压，那么也就足以造成正曲率，这样就会导致，宇宙会拥有有限的体积，成为一个封闭的宇宙。但是，如果物质的数量并没那么多……”他停止了讲述，对汤普金斯先生打了个暗语，意思是现在轮到汤普金斯先生接着讲了。

“呃，要是，要是就像你说的，物质的数量没那么多……那么……”汤普金斯先生变得难为情起来——这并不单单是因为在这位老师面前，自己表现得很愚钝，也因为慕德就在旁边听着，这让他感觉很羞涩，“这样，我是要说，如果物质的数量不够多，那么宇宙就无法达到临界密度，它就会一直膨胀下去，并且，我猜想，最终宇宙会表现出负曲率，会变得无限巨大……”

“好极了！”教授喝起彩来，“真是个好学生！”

“确实非常好。”慕德赞同道，“但是，我们都知道，宇宙的密度极有可能的确是临界值，所以它最终会停止膨胀——不过这都是很遥远的事情啦。这些你刚才都听过了，现在想不想去泡一下啊？”

过了一会儿，汤普金斯先生才意识到这句话是对他说的。“是在和我说吗？你是问我要不要去游泳吗？”

“对啊，你该不会以为我是在和他说吧？”她笑着说道。

“啊，我还没换衣服呢，我得去拿我的泳裤了……”

“对啊，我还以为你要一直穿着衣服游泳呢！”她咯咯地笑了。

# 第四章
# 弯曲空间的讲座

女士们，先生们：

今天我要演讲的内容是，弯曲空间以及它与引力之间的关系。在场的各位都可以轻松地想象出一条线或者一个曲面来，这一点我毫不怀疑。但是，如果把它们换作是三维的弯曲空间，各位的脸色可能就难看了，在大部分人看来，这是一种超常的，甚至是超自然的概念。为什么人们会对这种弯曲空间产生普遍的恐惧感，是真的因为这个概念比普通的曲面概念更难于理解吗？如果肯多做些思考，可能很多人就会说，之所以难以在意识中想象出一个弯曲空间来，是因为不能像考察一个球的曲面，或者类似马鞍那种二维的曲面那样，从“外部”对它进行考察。其实，说出这些话的那些人，暴露的只是他们对曲率的严格的数学定义的无知，实际上，这个词在数学中的含义与它在别处的用法是有很大的区别的。我们数学家们认定某个面是弯曲的是指，我们在这个面上画出的几何图形的性质，与在平面上画出的同一几何图形的性质有所不同，而且，我们根据它们偏离欧几里得经典定律的程度来衡量它们曲率的大小。比如你在一张很平的纸面上画一个三角形，就像我们在基础几何学里学到的那样，这个三角形的三个内角和为两个直角的度数和。你大可把这张纸卷成圆筒状、圆锥状，甚至其他更加复杂的形状，但是，你所画的那个三角形的三个内角度数的和，仍然等于两个直角的度数和。

这种面上的几何性质并没有随着如上所述的形状的改变而发生改变，

因此，从“内在”曲率的角度来看，形变后得到的不同的面（尽管在普通概念里是弯曲的），实际上就如同平面一样平坦。

用很多的量尺来把圆周补全

不过，如果你不把一张纸撕裂一部分，就难以把它们紧密地贴在球面或者马鞍形面上。而且，假使你要在一个球面上画一个三角形（也就是球面三角形），那么，欧几里得几何学那些基础的定理就不再适用了。实际上，我们就以北半球上任意的两条半截子午线，即经线，和它们之间的那段赤道所组成的三角形为例，此时，三角形的两个底角都是直角，而顶角度数的大小则是任意的。很显然，这三个角的度数之和一定大于两个直角的度数和。

与球面的情况相反，在马鞍形面上，你可以惊奇地看到，三角形三个内角的度数之和永远小于两个直角的度数和。

由此可见，要明确一个面的曲率，就一定得研究这个面拥有的几何性质，并且从外部进行考察往往会带来一些错误。要是单纯地凭借这样的观察，你可能会把圆柱的面划归到环面一类，实际上，圆柱面是平坦的，而环面则是的的确确的曲面。一旦你理解了关于曲率的严谨的数学上的定义，你就明白物理学家们对于我们生存空间是否是弯曲的谈论，究竟是指的什么了。我们无须跳出我们生活的三维空间，从“外部”看看它是否是弯曲的，而可以待在我们这个空间里，做一些实验，来考察欧几里得几何的普适定律，是不是仍然成立。

不过，你们可能会好奇，为什么在所有的场合里，我们都盼望着空间的几何性质与成为“共识”的欧几里得几何学存在不同呢？为了阐明这些几何性质的确受控于各种物理条件，我们来做这样一个设想：有一个巨大的圆形舞台，围绕着轴线一直匀速地旋转，就像唱片机那样，再假想有一些小型的测量尺，沿着圆心到圆周上的任一点半径，首尾相连排成一条直线，还有一些其他的测量尺沿着圆周排成一个圆。

在安置舞台的房间里，在与舞台相对静止的观察者 A 看来，舞台在转动的时候，沿着舞台圆周安放的测量尺，是沿着它们长度的方向在运动的，所以，它们就会发生尺缩（就如第一次演讲中所说的）。如此一来，要想把圆周补充完全，就得比舞台静止时候多使用一些测量尺。但是那些沿着半径摆放的测量尺，它们长度的方向与舞台运动的方向刚好呈直角，因此就不会产生尺缩，所以，无论舞台是否在转动，安置够从舞台中心到圆周上某点的距离所使用的测量尺的数量都是相同的。

由此可以看出，沿着圆周测量到的长度 C（用耗费的测量尺的数量来计数）一定比正常的 $2\pi r$ 要大，r 表示圆的半径。

我们现在知道了，在观察者 A 看来，这都是合乎情理的，因为此时发生了尺缩效应。但是，对于站在舞台中心点，而且与舞台一同转动的观察者 B 来说，又会是什么情况呢？他该如何理解这个现象呢？由于他看到的测量尺的数目和观察者 A 是相同的，那么他也会得出同样的结论，认为周长与半径的比与欧几里得几何学的定理不符。不过，要是我们假设舞台是设在一间没有窗户的黑黢黢的屋子中的，那他就不会感觉到舞台是在转动着的。此时，他又该如何来解释这种有违常理的几何性质呢？

观察者 B 可能并不知道舞台是在转动着的，但是却能感觉到周围有些神奇的事情正在发生。他可能会注意到，放置在舞台上不同位置的物体并不是静止不动的，而是在向远离中心的方向加速运动，并且加速度的大小与它们和中心位置的距离直接相关。换言之，它们似乎受到了某种力（离心力）的作用。这种力很奇怪，无论物体处在什么位置，它的质量有多大，这个力一直是以相同的加速度迫使物体向外部加速运动。换言之，这种力似乎会根据物体的质量自行调节大小，以使得物体所处的任意位置都有一个固定的加速度。根据这些情况，观察者 B 会得出结论，认为这种“力”与她发现的不符合欧几里得几何性质的地方之间，一定存在着某种联系。

甚至，我们也可以来考量光线前进的路径。对于相对静止的观察者 A 来说，光线总是沿着直线传播的。但是，假如有束光贴着旋转着的舞台的表面划过舞台，又是什么情况呢？尽管在观察者 A 看来，这束光线仍然是沿着直线前进的，但是，它在旋转着的舞台表面留下的路径轨迹却并不是直线，这是因为，这束光划过舞台表面需要耗费一定的时间，而在这段时间内，舞台又会旋转过一定的角度（这就好比你用锋利的刀片在旋转的唱片上直着划一刀，唱片上的划痕并不是直线，而是一条曲线）。

穿过加速飞行的飞船的光线

所以，在旋转舞台的中心站着的观察者 B 会发现，那束光线穿行而过的时候，是沿着曲线、而不是直线行进的。他就会如同对待前面周长与半径的比的那个例子一样，认为这种现象是在他周围起作用的那个特殊的物理条件所产生的特殊“力”所造成的。

这种力不但会对几何性质（包括光纤的运行轨迹）产生影响，而且还会对时间的进程产生影响。在旋转的舞台外围放置一个钟表，就可以演示出这种现象。观察者 B 会发现，外围的那个钟表走得比舞台中间的那个更慢些。以观察者 A 的角度来看，这种现象很轻松就可以理解，因为他会注意到，放置在外围的钟表是在随着舞台的转动而运动着的，但是放置在舞台中心的钟表却一直是位置不变的，外围的钟表时间就会延长（钟表慢效应）。而对于观察者 B 来说，由于没有意识到舞台是在转动着的，就注定会把钟表的慢行归结为那个特殊的“力”的作用。如此我们就可以知道，不管是几何性质或者时间进程，都可以成为物理环境的函数。

让我们再来探讨另一种物理场合——在地面附近发生的情况：一切物体都会被地心引力向地面吸引。这有些类似于旋转着的舞台会把一切处于它上面的物体都向外围甩出的情况。要是再考虑到物体下落的加速度只与其位置有关而与其质量无关这个事实，那么这种相似性就更加显著了。以下我们要介绍的例子，会更清楚地表现出引力与加速运动之间的这种对应关系。

假想有艘用于星际航行的宇宙飞船，它自由地漂浮于宇宙中的某处，距离任何恒星都极为遥远，所以不会受到它们引力的影响。这样一来，这艘飞船中的所有物体，包括乘坐着的实验人员在内，都不会有任何的重力，他们就会像凡尔纳著名的科幻小说中写的阿尔丹与同伴们去往月球的旅途那样，可以在空气中自由地漂浮。

此时，开动引擎，飞船开始运动了，并且速度会逐渐地增大。此时飞船中会是什么状况呢？明显可以看出，只要飞船处于加速的状态，那么飞船内部的所有物体都会表现出向飞船底部运动的倾向，也可以认为，飞船的底部将向着所有的物体运动——这两者是等效的。举例来说，假如实验者手握一个苹果，然后松开手，此时这个苹果必定会以一个稳定的速度——也就是在放手时飞船的瞬时速度——相对于周围的恒星继续运动。但是，飞船自身的运动速度却在加快，这就会导致船舱底部在整个过程里会运动得越来越快，最终会追上苹果，并与之相撞。之后，苹果会一直与底部保持接触，并且以稳定的加速度压在底部之上。

不过，在飞船内部的实验人员看来，这种情况似乎是苹果在以固定的加速度下坠，并且在坠落到底部之后，凭借自身的重力一直挤压在底部。如果再让其他的物体“坠落”，实验人员就会有新的发现，这些坠落的物体下坠的加速度是完全相同的，于是他们就会认为，这就是伽利略发现的自由落体定律。实际上，实验者根本无法察觉在加速运动的船舱中发生的这些现象与普通重力的现象之间，存在些细微的差别。他完全可以用带钟摆的时钟来验证，也可以把书放在架子上忽略书坠落的可能性，他需要把爱因斯坦的照片挂在墙上。我们都知道，参考系的加速度与重力场等效这个概念，就是爱因斯坦最先发现的，基于这个事实，他提出了广义相对论。

不过，就像研究转动舞台的例子那样，这里我们也会发现一些牛顿与伽利略在研究重力时没有发现的现象。此时，射入船舱的光线将会发生弯曲，而且随着飞船加速度的不同，它们在墙幕上的投射点也会不同。显然，位于船舱外的观察者对这种现象的解释是，光的匀速直线运动与船舱的加速运动互相叠加造成了这种现象。船舱中的几何图形一定也是不正常的，由三条光线组成的三角形，它的内角之和不会等于两个直角的度数和，而且圆的圆周与它直径的比值会比通常的 $\pi$ 更大。此处所举的两个例子是加速系统中最简单的情况，不过，上面所说的等效性，适用于任何一个指定的刚性的（或不可形变的）参考系的运动。

现在我们就要触及核心问题了。刚才我们可以看到，在加速的参考系中，可以观察到很多在普通万有引力场中观察不到的现象。那么，诸如光线发生弯曲或者钟表计时变慢这类新状况，在由可测质量所造就的引力场中，是否同样存在呢?

要测算光线在引力场中的曲率，用前面宇宙飞船的例子就较为方便。假定 l 表示船舱的宽距，那光线划过这段距离所需的时间为：

$$t=\frac{l}{c} \tag{5}$$

这段时间中，以加速度 g 运动的飞船行驶过的距离就是 L，根据力学基本定律，我们可以得到：

$$L=\frac{1}{2}gt^2=\frac{1}{2}g\frac{l^2}{c^2} \tag{6}$$

所以，光线方向改变的角度具有的数量级就是：

$$\Phi=\frac{L}{l}=\frac{1}{2}\frac{gl}{c^2}\text{弧度} \tag{7}$$

光在引力场中划过的距离越长，$\Phi$ 的值也就越大。当然，现在要把宇宙飞船的加速度解释为重力加速度。假如现在令一束光线横穿演讲大厅，我们姑且认为大厅长度 L=10 米，地表的重力加速度为 $g=9.81$ 米/秒 $^2$，光的速度 $c=3\times10^8$ 米/秒，所以：

$$\begin{aligned}\Phi&=\frac{1}{2}(9.81\times10)/(3\times10^8)^2=5\times10^{-16}\text{弧度}\\&=10^{-10}\text{弧秒}\end{aligned} \tag{8}$$

如此你就可以知道，在这样的情况下，光线的曲率是根本难以察觉的。但是，在太阳表面的附近，重力加速度 $g=270$ 米/秒 $^2$，而且光线在太阳的引力场范围内要走出的路程较长，所以根据较为精确的计算，一束光线经过太阳表面附近的时候，会发生 1.75 弧秒的偏转，这与天文学家们在日全食时观察到的太阳附近恒星视位移的大小正好相等。现在，天文学家们找到了更好的办法，利用类星体发射的强射电辐射替代了传统的方法，这样就避免了只能在日全食时才可以测量的尴尬。从类星体发出的经过太阳附近的射电波，即使是白天也可以毫不费力地探测到。就是通过对它们的测量，让我们可以获得较为精确的光线的弯曲值。

因此，我们可以得出结论，在加速系统中发现的光线的弯曲，从本质上来讲，与光线在引力场中发生的弯曲是相同的。那么，观察者 B 在旋转的舞台上看到的另一个诡异的情况——放置在舞台外围的钟表走得较慢，是否也是同理呢？在地球的重力场中，放在地表上空某处的钟表，是否会有类似情况？换言之，加速产生的效果与重力产生的效果是不是不但极为相似，而且是完全的相同呢？

这个问题只能凭借直接的实验来进行解答。实际上，相关实验已经表明，时间是会受到普通重力场的影响的。加速度和引力场这两种等效的方式对它产生的效应很微小，这也是直到科学家们特意去寻找之后才可以察觉到的原因。

以旋转舞台的例子，可以轻松地求出钟表速率变慢的数量级。以力学的基本定理可以知道，作用在距离中心的长度为 r、质量为 1 的粒子上的离心力，符合公式：

$$F = r\omega^2 \tag{9}$$

其中 $\omega$ 表示的是舞台转动的恒定角速度。所以，这个力从粒子由中心运动到边缘所做功的总大小是：

$$W = \frac{1}{2}R^2\omega^2 \tag{10}$$

其中 $R$ 表示的是舞台的半径。

以上面介绍的等效原理，我们可以把 $F$ 看作舞台的引力，把 $W$ 看作是舞台中心与边缘之间的引力势差。

大家应该还记得，正如上次演讲中提到的，以速度 $v$ 运动的时钟会比静止的时钟走得慢，两者相差一个因子：

$$\sqrt{1-\left(\frac{v}{c}\right)^2}=1-\frac{1}{2}\left(\frac{v}{c}\right)^2+\cdots$$

如果 $v$ 比 $c$ 极小，那第二项后面的项我们可以忽略不计。按照角速度的定义，$v=R\omega$，所以，“变慢因子”就化简为：

$$1-\frac{1}{2}\left(\frac{R\omega}{c}\right)^2=1-\frac{W}{c^2} \tag{11}$$

这是通过两个位置的万有引力势差来计算时间速率的改变。

假如我们把一个时钟放在埃菲尔铁塔的底端（300 米），另一个放在铁塔的顶端，由于它们之间的重力势差极其微小，所以，铁塔底端的时钟走慢的因子大概只有

0.999 999 999 999 97

但是，地表到太阳表面的重力势差却要大上很多，也因此，减慢因子就等于 0.999 999 5，这是用极为精密的仪器测量出来的。显然，没人会想要把普通的钟表放到太阳上去，来看看究竟会是怎样。物理学家们找到了更为巧妙的办法，利用分光计，我们可以观察到太阳表面各种原子的振动周期，并把它们与同种元素的原子在实验室本生灯火焰中的振动周期相互对比。原子在太阳表面的振动应该比在地球表面上要慢一些，两者相差的减慢因子由公式（11）可以求出，因此，它们发出的光的频率会向光谱的红端发生移动。实际上，这种“红移”现象的确已经在太阳的光谱中观察到了，对其他一些可以精确测定光谱的恒星，同样也观察到了这种现象，而且观察结果与理论求出的值也是吻合的。

现在，让我们回过头来再进行空间曲率问题的讨论，你可能还记得，我们之前通过直线的最为合理的定义得出结论，如果在非匀速运动的参考系中，得到的几何图形的性质与欧几里得几何学中的不同，那么就可以认为这样的空间是弯曲空间。既然所有的重力场都与参考系下的某种

加速度等效，那么也可以认为，任何存在重力场的空间都是弯曲空间。我们还可以再进一步认为，重力场只是空间曲率的一种物理显像。所以，任一点的曲率取决于质量的分布，距离重的物体（或天体）越近，空间的曲率也就越大。不过用于表达弯曲空间的性质以及与质量分布的关系的表达式太过复杂，这里便不进行详细描述了，但我要大概说明一下，曲率通常不是由一个量决定的，而是由几个不同的量共同决定的，这些量通常是重力势能的分量 $g_{\mu\nu}$，它们是我们之前用 $w$ 表示的经典物理学重力势能的推广。对应地，任一点的曲率也由几个不同的曲率半径来表达，这些曲率半径一般写作 $R_{\mu\nu}$，它们与质量分布的关系用爱因斯坦的基本方程可以描述为：

$$R_{\mu\nu}-\frac{1}{2}g_{\mu\nu}R=-8\pi GT_{\mu\nu} \tag{12}$$

方程中 $R$ 表示另一种曲率，代表曲率起因的起源项 $T_{\mu\nu}$，是由密度、速度与质量产生的引力场的其他性质所决定的。$G$ 是我们较为熟悉的引力常数。

通过研究水星的运动，这个方程已经得到了验证。水星是最靠近太阳的行星，因此，它的运行轨道可以很灵敏地体现出爱因斯坦方程中细节的变化。现在发现，水星轨道的近日点并不是在空间中固定位置的，而是会随着旋转，系统性地改变它相对于太阳的取向，这被称为水星进动，其一部分原因是其他行星的引力场对水星起到了摄动的作用，另一部分是水星的质量由于它的运动产生了狭义相对论性增大所导致的。但即便如此，仍然存在一个微小的剩余量（每世纪 43 弧秒），这是旧有的牛顿万有引力定律无法说明的，不过用广义相对论却可以对它做出解释。

无论是对水星的观察，还是前面讲到的其他实验，其结果都证实了广义相对论的正确性，它是可以最完美解释我们观测到的宇宙中的各种现象的引力理论。

本节结束之前，我还要对方程（12）中两个很有意义的推论做些说明。如果我们考虑的是一个质量均匀分布着的空间，比如分布着恒星与星系的我们这个空间，那么，就可以推导出这样一个推论：除了在各自分离的恒星附近会产生突兀的较大曲率，总体上来说，这个空间在大距离上总是倾向于均匀的弯曲。以数学的角度来看，方程（12）会有几种不同的解，其中有些解表明空间本身是封闭的，因此拥有有限的体积；而另一些解则说明空间是类似马鞍面的曲面，拥有无限的空间。后面这种我们在开篇已经讲过。方程（12）的第二重要的推论是：这样的弯曲空间会总是处于膨胀（或者收缩）的状态中，以物理学的角度看，这意味着分布于这种空间的粒子会不断地彼此远离（或者不断靠近）。并且，我们还能证明，对于有限体积的封闭空间来说，膨胀与收缩的过程是在周期性地交替的，这就是我们所说的脉动宇宙。不过，类似马鞍形弯曲的无限空间就会一直处于膨胀（或者收缩）的状态。

在数学中的各种可能解中，究竟哪个解表示的是我们这个空间的真实情况呢？问题的答案只能通过对星系团的运动（包括它们相互退行速度减缓的情况）的考察来获得，或者也可以把现在宇宙所有物质的质量加起来，再计算出减缓效果的大小究竟是多大。直至目前，天文学家们还无法获得明确的证据。但是，可以肯定的是，目前我们的宇宙仍然在膨胀。不过，这种膨胀是否终有一天会转为收缩？我们这个空间究竟是有限的还是无限的？这些问题仍然没有确定的答案。

# 第五章
# 访问封闭的宇宙

在滨海旅馆的第一晚，汤普金斯先生晚饭后与教授聊了一些宇宙理论，又与教授的女儿畅谈了些艺术方面的事情，最后终于回到了房间，一头扎到了床上。他疲惫极了，包提柴里与邦迪、达利与霍伊尔、勒梅特与拉芳坦，这些人都在脑子里搅和了起来，最后，他终于陷入了沉睡当中……

夜里的某个时候，他突然惊醒了，他感觉自己躺着的并不是舒适的弹簧床，而是块坚硬的东西。他睁开眼睛，发现自己竟然趴在块硕大的岩石上，起初他以为这是海岸上的礁石，但后来他意识到，这块岩石异常大，直径可能10米有余，而且它悬浮在空中，看不到有任何东西在支撑它。岩石上还生长着一些墨绿色的苔藓，有的地方，岩石的裂缝里还探出一些小树丛。岩石周围的空间中，有种朦胧的光，看起来灰蒙蒙的。实际上，空气中的灰尘要比他见过的任何情况都多，甚至比起关于美国中西部沙尘暴的纪录片中的情况，都严重得多。他想方设法终于用手帕遮住了鼻子，这样才稍感轻松。但是，周围空间存在一些比灰尘更加危险的东西。不时有些如脑袋大小或者更大的石头，从它那块岩石周围略过，也有一些会撞上来，发出嗡嗡的撞击声。他还看到，在离他不远的空间中，有一块与他这块岩石差不多大小的岩石在漂浮着。汤普金斯先生紧紧地抱着岩石一刻都不敢松开，生怕坠入无边的深渊当中去。不过不久之后，他就鼓起勇气，决定爬到岩石的边缘，试图探清是否真的没有东西在支撑岩石。正当他爬行的时候，他惊异地发现，自己竟然没有跌下去的趋势，而且，尽管他爬出的距离已经足有岩石周长的 1/4 了，却仍旧牢固地被吸附在岩石表面上。在他最初所处的位置的背面，是一条由松散的岩石组成的脊背，它顺着脊背往后看，发现的确没有任何东西在空间中对这块岩石起到支撑作用。但，他又看到了一件让人更匪夷所思的事情，他在昏暗的光线下竟然发现了教授的身影，此刻他正脑袋冲下站立着，正在笔记本上做着不知什么记录。

慢慢地，汤普金斯先生终于明白了过来，他回想起了在上学的时候，老师告诉他的，地球就相当于空间中一块围绕着太阳旋转的巨大的圆球形石头。他还记得看过一幅画，画中两个人对跖地站在地球遥远的两边。就是这样的！他所在的岩石就相当于一个小型的行星，它会将所有的东西都吸附到表面上，自己和教授就相当于这个微小行星上的居民。这么想来汤普金斯先生稍感欣慰，起码不用担心掉下去的危险了。

“早上好啊。”汤普金斯先生说，他想把注意力从忧心忡忡中转移出来。

教授的视线离开了他的笔记本，他对汤普金斯先生说：“这里是不存在什么早上的，”他继续说，“这个宇宙中是没有太阳的，也不存在任何可以发光的恒星。还好这里的物体表面的化学反应提供了光照，否则我就无法发现空间的膨胀了。”说着，他又将注意力放在了笔记本上。

汤普金斯先生非常懊恼：在这个宇宙中竟然只发现一个活人，而且对方又是这么的傲慢无礼！忽然间，一块极小的流星帮了汤普金斯先生一个忙，它刚好击中了教授手里的笔记本，并且把笔记本打飞到了宇宙空间，离开了他们所在的微小行星。“现在你再没办法看它了。”汤普金斯先生说，因为笔记本会越飞越远，在视野里会越变越小。

“刚好相反，”教授说，“你看，我们所处的这个空间并不是无限扩大的。哦，我知道了，在学校你学到的那些说空间是无限的，两条平行线是永不相交的，这些理论，并不是很可靠的，不管是在我们现在所处的这个空间，还是其他人生活的那个空间，都是这样的。当然，别人生活的那个空间（现实世界）的确很大，科学家们估测，它的直径可达 $1\times10^{23}$ 公里，这对于普通人来说，可以说的的确确是无限大了。要是我的笔记本是在那里飞出去的，可要经过相当漫长的时间，才可以飞得回来。不过，这里却是不一样的。笔记本飞出去之前，我就计算出，我们这个空间的直径仅有 8 公里左右。尽管它此刻正在急速地膨胀，但我估计，恐怕用不了半个小时，笔记本就可以飞回来了。”

“这……”汤普金斯先生疑惑地问，“你的意思是，笔记本正在沿着直线做一种环形的旅行，就如同从地球的北极出发，最终却从南极回来？”

“就是这样的。”教授回答说，“我的笔记本正在做着同样的事情，除非它在旅途中又被其他的石头撞击，偏离了原本的直行轨道。”

“这与我们所在的微小行星对它们作用的引力存在一定的关系吗？”

“并不是，完全没有关系。就拿我们这颗行星的引力来说吧，它太小了，已经束缚不了向空间中飞去的笔记本了，你用望远镜看看，还能发现它吗？”

汤普金斯先生凑到望远镜旁，视线穿过满是灰尘的宇宙空间，终于看到了教授的笔记本，他发现笔记本正向空间远处飞去。而且他惊奇地发现，在那个遥远的距离上，所有的物体都好像镀上了一层粉红色的膜，笔记本也是如此。

“啊！”没过多久，汤普金斯先生喊了起来，“教授！你的笔记本在往回飞，他在我的视线里越来越大了！”

“不，”教授说道，“并不是这样的，它还是在往远处飞，你看到的它在变大的情况，只不过是一种假象，这是由于封闭的球形空间会对光线产生一种特有的聚焦效果所导致的。我们可以假想下，假如从地平面发出的光线一直是沿着地球的曲面向前行进的，这时候就拿大气的折射作用来举例。此时，如果有个运动员向我们前面一直跑，那么，不管他要跑多远，我们都可以用高倍的望远镜在奔跑的路径中看到他。要是你观察地球仪，就可以发现，球面上的那些很直的经线会先从地球仪的一个极点分散开来，但是在过了赤道以后，它们就会向着另外一个极点会聚。所以假设那道光线是沿着经线行进的，你正好位于极点上，这样你就会看到，那个运动员在跑得越远的时候，在视线里看着越小，但是当他跑过了赤道，你就会看到他变得越来越大，这就会让你产生他在往回跑的错觉，不过此时他却一直是用背对着你的。当他抵达与你相对的极点之后，你会看到他变得是如此的大，以至于就像站在你身边一样。不过，你是触碰不到他的，就如同你难以感触到镜子里的镜像一样。通过这个二维的例子，那你就可以想象得出，光线在这个发生了弯曲的奇特的三维空间中会发生什么情况。这么看来，我的笔记本是越来越远了。”

他躺在一种不知名的坚硬物体上

实际上，此时即便汤普金斯先生不使用望远镜，他也可以看得到笔记本，而且距离他就好像只有几米而已。不过很奇怪，此时笔记本的轮廓并不甚清楚，就像被水浸泡过一样，而且教授写在上面的公式也变得难以辨认。整个笔记本就如同一张由于对焦不好而拍出的照片。

“你现在相信了吧，这只不过是笔记本的像罢了，”教授说，

“此时它的光线是经过了半个宇宙的，所以图像自然而然地会是这样模糊的。而且你还可以发现，你的视线可以穿透笔记本，看到它后面的岩石。”

汤普金斯先生试探性地去抓笔记本，神奇的是，他的手感觉不到有障碍物的存在，顺利地穿透了笔记本。

“至于笔记本的真身，”教授说，“他现在已经极度靠近这个宇宙中与我们相对应的极点了，你眼前这个只是它两个像中的一个，另一个就在你的背后，当这两个像重合的时候，笔记本就与对应的那个极点完全重合了。”

不过，此时汤普金斯先生陷入了沉思当中，完全没有注意到教授说了什么，他回想起了初级光学课本中描述的物体通过凸面镜与透镜成像的内容，就在这一不留神的瞬间，那两个像又开始向后运动了。

“那么，究竟是什么导致了空间的弯曲，从而产生了这些奇奇怪怪的事情呢？”汤普金斯先生问道。

教授回答道：“这是由于可测质量的存在，在牛顿发现万有引力定律的时候，他认为重力是一种普通力，与在两个物体间紧绷着的弹簧产生的拉力属于同一种类型。但是，有一个明显违背这种说法的事实：所有的物体，不管它多重多大，加速度的大小总是相同的，并且在重力的作用下，它们的运动方式都是相同的。当然，此处忽略了空气的摩擦力以及类似的力。后来，爱因斯坦最先明确地指出，有质物体产生的一个主要效应就是使得空间产生曲率，而且，所有物体在重力场运动的轨道所表现出的弯曲现象，就是因为空间本身就是弯曲的缘故。不过我认为，如果你没有一定程度的数学水平，是难以理解这些的。”

“的确如此，”汤普金斯先生遗憾地说，“但是我想请教下，要是没有物质，那我在学校里所学到的几何学是不是就不成立了？平行线还会永远都不相交吗？”

“是的，它们是永远都不会相交的，”教授答道，“但是，到那个时候，也没有什么物质可以来验证这一点了。”

“这么说来，恐怕欧几里得也并不存在了，所以才可以产生那种空虚的绝对没有任何物质的空间中的几何学？”

但是，教授明显不太愿意进行这种形而上学的讨论。就在此时，笔记本沿着开始时的方向越飞越远，之后就是再一次飞回来。此时笔记本的镜像变得更加模糊了，渐渐地辨认起来更加困难了，这种情况用教授的观点来解释就是，此时光线环绕了几乎整个宇宙。

“要是现在你转过身看，”教授对汤普金斯先生说道，“你就会发现，在完成了环绕宇宙一圈的旅途之后，我的笔记本正在回来的路上。”说话间，教授伸手就从空间里抓住了笔记本，然后把它塞进了口袋。“你看，这个宇宙中的灰尘与岩石多到让我们难以分辨环境。你看到的周围的那些飘忽不定的景象，也有可能就是我们自己或者周围物体的镜像。但是，它们被灰尘以及不规则的空间曲率所严重破坏，即使是我都难以分辨出它们哪个是真身，哪个是虚像了。”

“在我们生活的现实宇宙中，是不是也存在这样的状况呢？”汤普金斯先生好奇地问。

“如果我们对于宇宙的密度是处于临界值的理论是正确的，那么就不

会存在这种状况。但是，”教授补充道，“我们一直想这种问题，是不是也太滑稽了。”

此时，周围的景象发生了明显的变化，周围的尘埃似乎少了很多，所以，汤普金斯先生不再用手帕掩面了，四周飞过的小石块能量小得很，他并没有什么疼痛的感觉。后来，之前看到的那几块与他所在的岩石大小相近的岩石也慢慢地远离了他，飞到了很远的地方。

“这下好了，环境似乎变得舒适了，”汤普金斯先生心想，“之前还担心石头会打中自己呢，您可以解释下周围环境为什么会发生变化吗？”他又向教授问道。

“原因很简单，因为我们这个微缩的宇宙正在迅速地进行着膨胀，自我们站在这里开始，它已经从 8 公里的直径扩张到了 160 公里。我刚到这里时就从极远处物体逐渐变红的现象中推断出了这种膨胀的发生。”

“是的，我也发现了，极远处的所有东西都带有红色，”汤普金斯先生兴奋地说，“不过这怎么会预示着发生了膨胀呢？”

“不知道你是否注意过，”教授说，“一列驶向你的列车汽笛声调很高，而远离的列车汽笛的声调却很低。这就是我们所说的多普勒效应：音调（频率）的高低与声源移动的速度相关。当整个空间处于膨胀状态的时候，空间中所有的物体都在彼此远离，远离的速度和它们与观察者之间的距离成正比。所以，这种情况下的物体发出的光就会偏红。从光学的角度来讲，这就相当于偏低的频率。物体距离我们越远，它们退行的速度就会越快，因此，我们看起来它们也就越偏红。我们现实生活的宇宙就是在发生膨胀，我们把这种变红的现象称为宇宙学红移，利用这种效应，天文学家们才得以测出极其遥远的星系与我们的距离。比如，距我们最近的仙女座星系，测量出的红移达到了 0.05%，要发生如此大的红移，光线要走出的距离至少是 80 万光年。不过，还有处在望远镜视线极限位置的星系，它们表现出的红移可达 500%，发生这么巨大的红移所对应的距离为 100

亿光年！这些光线刚发射的时候，宇宙的尺度还没现在的1/5。此时它的膨胀速率大约是0.000 000 01%每年。我们现在所在的这个微缩宇宙的膨胀速度比现实的要快很多，它的半径大约每分钟就会增大1%。”

“这种膨胀效应会永远进行下去吗？”汤普金斯先生问。

“当然，”教授说，“紧接着就是收缩效应了。每个宇宙都在极大半径与极小半径之间不断地脉动。现实中的宇宙脉动周期是非常漫长的，大约需要几十亿年，而我们现在所处的这个微缩宇宙，它的脉动周期就非常短，大约才两个小时。并且我觉得，此时它正处于最大半径的状态，可能你也注意到了，现在非常的冷。”

实际上，这个宇宙中所有的热辐射，由于分布在极大的体积之中，所以只能为它们所在的小行星提供少量的热量，但它们周围的温度却很接近冰点。

“我们很幸运，”教授说，“这里最早之前获得的辐射能量足够多，以至于宇宙膨胀到如此程度依旧可以提供一些热量。否则，这里就会冷到把岩石周围的空气都冷凝为液体，把我们都冻死。不过，现在它在进行收缩了，很快就要变热了。”

汤普金斯先生向远处看去，他发现一切都在由红色转为蓝色。根据教授的说法，这是所有的天体都在互相靠近的结果。他又回想起教授刚才所讲的迎面驶来的列车汽笛声声调较高的案例，便不由自主地害怕了起来。

“现在既然所有的物质都在进行收缩了，那我们难道不应该担心，这个宇宙中散布的石头很快就会聚集在一起，然后把我们碾碎吗？”他焦虑地问教授。

“的确如此，”教授平静地说，“不过我认为，在发生这种情况之前，温度就会达到一个极为恐怖的程度了，我们俩都会分解成一个个原子。这就是我们现实宇宙的末日景象，所有的物质都混杂在了一起，形成一个极热的均匀气体球，只有当膨胀再次开始，新的生命才又会诞生。”

“哦，老天！”汤普金斯先生叫了出来，“我们现实中的宇宙要几十亿年才会来上一次宇宙末日，但是这里，末日来得也太快了！虽然我只穿着睡衣，但还是热得难以忍受。”

“即使你把它脱掉也无济于事，还是安静地躺着吧，能享受这个世界多久就多久吧。”

汤普金斯先生再没答话，闷热的空气让他难以呼吸。尘埃变得异常的稠密，几乎把他包裹了起来，看起来就像是条流动的毯子。汤普金斯大力地挥手，想把自己从中挣脱出来。如此一来，他感到脑袋上有一丝凉气，呼吸也顺畅了。

“究竟发生了什么！”他又开始问教授，但是这里却没有教授的踪影。映入眼帘的只有熹微的晨光，以及他所熟悉的卧室的陈设。而汤普金斯先生自己，正躺在床上吃力地从毛毯中挣脱了出来。

“感谢上帝，让我们的宇宙仍处于膨胀的状态！”然后，汤普金斯先生起床了，洗了个澡，刮干净了胡须。

# 第六章
# 宇宙咏叹曲

度假即将结束这晚，汤普金斯先生和慕德在海滩最后一次散步，从初次见面到现在，真的已经一周了吗？虽然刚开始时，慕德比较羞涩，但好在汤普金斯先生比较健谈，两人现在已经相互熟悉了，可以畅快地进行交谈了。他不但发现慕德有广泛的兴趣和爱好，而且与她在一起的时候，两人都会感到很融洽，连汤普金斯自己都不知道为什么会这样。或许是因为，之前教授曾无意中说到，他以前对慕德很失望，她之前答应教授要做些大有作为的事情，但现在显然无法兑现自己的承诺。此时可能慕德认为，汤普金斯先生以及他平凡的生活让她产生了安全感。

汤普金斯先生望着银河对慕德说："我要说的是，你父亲让我领略到了一个崭新的世界。但遗憾的是，大部分的人似乎只想要简单平凡的生活，而并不想去想象与了解这个世界非凡的另一面。"

他拾起一块鹅卵石，故作轻松地向矗立在海面上的一块岩石丢去。然后，悄悄地瞟了慕德一眼："你为什么不愿意让我看到你的画稿呢？"

"我告诉过你，它们不是可以随便就给别人看的东西。这只是一些工作草稿，是一些创意。而且就只是一些创意罢了。我是想通过这些创意找到一些对空间的灵感。它们对你而言是没有任何作用的。只有在我回画室处理过之后，你才能看到一些眉目。不过有时候也处理不出来，这要视情况而定。"

"拿回去之后，我可以参观你的画室吗？"

“当然可以，”慕德回答，“你要是不去，我可会很失望的。”

这时他们已经散步回了旅馆。汤普金斯先生点了些饮品，两人最后一次并坐在院子里远望大海。

“你父亲曾和我透露，你曾经在物理方面颇有建树。”

“啊，咱们不要说这个了，”她笑了，“这只是他单方面的想法，他就希望我去从事物理研究。”

“是啊，不过，你的物理学不是学得很好吗？”他坚持地问。

慕德耸耸肩：“是啊，的确是这样的。”

“那为什么……”

“为什么？”慕德反问，然后略一思索，“我自己也不清楚，可能是青少年正常的逆反心理吧，也可能是因为那个年纪的女孩子，很难对物理产生兴趣。对生物学还凑合，但是物理学就难了。除了会让人产生沉重的心情之外，就没什么好处了。现在的年纪就不同了，至少不会像原来那么反感。”

“可为什么在你放弃学习物理学之后，还知道这么多物理学方面的知识呢？”

“啊，我并不知道啊，物理学里大部分的内容我都忘记了，不过有关天文学和宇宙学的知识却不一样，我现在仍在努力研究这方面的知识。它们会让我想起……”她饶有兴致地看着汤普金斯先生说。

“让你想起什么？”他问道。

“想起了一台歌剧。”

“歌剧？”汤普金斯先生惊呼，“难道，难道这与歌剧也有关系？”

“啊，并不是那种真正的歌剧，”她微笑着说，“那是台很业余的创作，是很多年前我爸的物理系里一个人创作的，它的内容表现的是大爆炸理论与定态理论之间的争论……”

“啊？什么是定态理论啊？”汤普金斯先生问。

# 第六章　宇宙咏叹曲

“定态理论认为，宇宙并不是始于大爆炸的……”

“但是我们都认为是从大爆炸开始的啊。你父亲把关于宇宙膨胀所有的事情都教授过我了。他就说，在宇宙大爆炸之后，所有的星系都开始彼此退行。”汤普金斯先生肯定地说。

“不过，星系的退行并不能证明什么。有些物理学家，比如霍依尔、邦迪以及戈尔德等，他们认为宇宙可以不断进行自我更新。伴随着星系的快速退行，在它们空余出的空间里会不断产生新的物质，这些物质又会聚合为新的恒星与星系。然后，它们也会彼此退行，从而为其他物质的出现腾出位置。宇宙就是这样循环往复的。”

“那这又是如何发生的呢？”汤普金斯先生问道，他的好奇心又开始作怪了。

“不是这样的，这种观点里的宇宙是没有起点的，也不存在开始这样的问题。它是永恒存在的，未来也会永远存在。这种世界没有起点也没有终点。也正因为如此，它才会被称为定态理论，也就是说，它描述的宇宙在任何时候本质上都是相同的。”

“哈，我爱极了这个理论，”汤普金斯先生高兴地说，“是的，它一定是正确的……我能预感得到。你能明白我的心情吗？大爆炸的理论并不符合我的心意。对于大爆炸，总有一个问题困惑着我们：为什么人们要假设宇宙的开端起于那个特殊的时刻，而不是别的时刻？这似乎太过牵强了。要是宇宙没有开端的话……”

“停！停！”慕德打断了他，“别再瞎想了，告诉你吧，定态理论已经被终结了，不可能再被翻案了。”

“啊？这是为什么！”汤普金斯先生吃惊地问道。

还没等慕德回答他，教授已经出现在旅馆门口了。他提醒慕德，他们明天还要很早就起床然后赶回家去。慕德只好离开了汤普金斯先生。汤普金斯先生急切地问：“那歌剧要什么时候上演啊？”

“哦，差点忘了告诉你，”她说，“周六晚上 8 点，就在物理讲座的主会场，也就是你听我爸演讲的那个地方。物理系让《宇宙之歌》重新演绎，看起来十分滑稽，不过，这可能就是为了纪念定态理论提出至今 50 周年吧。好了，周六见啦。”说着，她挽着教授的臂膀回到了旅馆，在门口还调皮地给汤普金斯先生递上了一个飞吻。

* * *

这真是一场盛大的聚会，当汤普金斯先生与教授和慕德找到自己的座位时，会场里已经坐满了人。

“我建议你还是快速浏览下节目单吧，马上就要关灯了，不然你都不知道那些角色是谁。”慕德提醒汤普金斯先生。

他飞速地把在门口领到的节目单看了一遍。刚看完歌剧的背景介绍，会场就陷入了一片黑暗当中。一支管弦乐队在舞台边上的空地上演奏起了序曲，乐队一共由六件乐器组成。伴随着美妙的音乐以及观众阵阵的掌声，舞台的帷幕突然间拉开了。几乎所有的人都不得不马上挡住自己的双眼，舞台上突然出现的光照太过耀眼了，它的强度足以让整个会场展现出一片绚烂。

“那个操控的人真的是神经了，他会把这里都点着的！”教授生气地说。不过出乎意料的是，突然的光亮逐渐就消失了，最后一切都归于了黑暗，转为由一簇簇快速旋转的烟火来照明，它们明显是用来代表宇宙大爆炸后某些时刻形成的星系。

“现在这情况更危险了，这里着火的可能性更大了。”教授更加生气了，“我真该拒绝他们提出的这些无理的请求。”

慕德安慰地拍拍教授，指给他那个“神经的操控者”，其实操控人员一直非常小心地站在舞台边缘，手里还拿着灭火器，时刻准备着上去灭火。此时，学生们就像小孩子参加篝火晚会一样，不断兴奋地叫着。这时候，舞台中出现了一个穿着黑色牧师长袍的主持人，他用嘘声示意大家安静。根据节目单上的介绍，他饰演的是比利时天文学家勒梅特，膨胀宇宙的大爆炸理论就是他最先提出的。他开始用深沉的嗓音演唱抒情曲。

## 宇宙大爆炸抒情曲

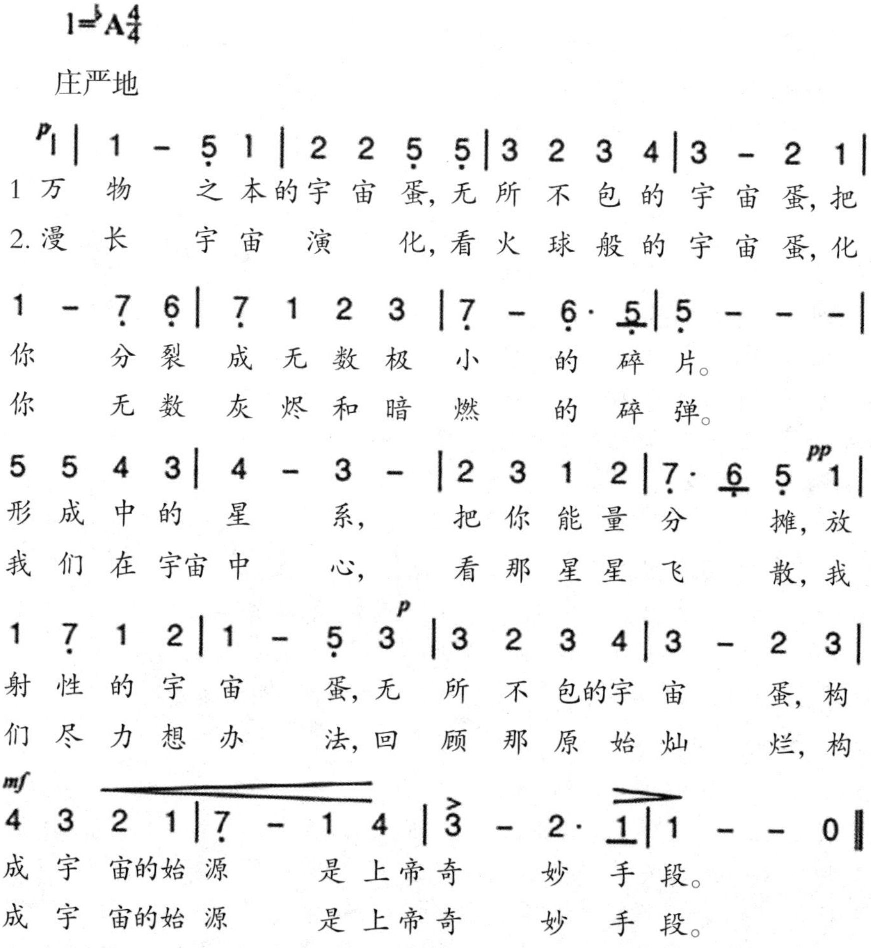

1=♭A 4/4

庄严地

p 1 | 1 – 5 1 | 2 2 5 5 | 3 2 3 4 | 3 – 2 1 |

1 万 物 之 本的宇 宙 蛋，无 所 不 包 的 宇 宙 蛋，把

2. 漫 长 宇 宙 演 化，看 火 球 般 的 宇 宙 蛋，化

1 – 7 6 | 7 1 2 3 | 7 – 6· 5 | 5 – – – |

你 分 裂 成 无 数 极 小 的 碎 片。

你 无 数 灰 烬 和 暗 燃 的 碎 弹。

5 5 4 3 | 4 – 3 – | 2 3 1 2 | 7· 6 5 pp 1 |

形 成 中 的 星 系， 把 你 能 量 分 摊，放

我 们 在 宇宙 中 心， 看 那 星 星 飞 散，我

1 7 1 2 | 1 – 5 p 3 | 3 2 3 4 | 3 – 2 3 |

射 性 的 宇 宙 蛋，无 所 不 包的宇 宙 蛋，构

们 尽 力 想 办 法，回 顾 那 原 始 灿 烂，构

mf 4 3 2 1 | 7 – 1 4 | 3 – 2· 1 | 1 – – 0 ‖

成 宇 宙的始 源 是 上 帝 奇 妙 手 段。

成 宇 宙的始 源 是 上 帝 奇 妙 手 段。

在勒梅特的抒情曲唱罢之后，又出现了一个瘦高的年轻人，按介绍，他饰演的是美籍俄裔物理学家伽莫夫，他生活在美国已经 30 多年了。他演唱的是：

## 宇宙大爆炸第二抒情曲

1=G $\frac{3}{4}$

轻快而沉醉地

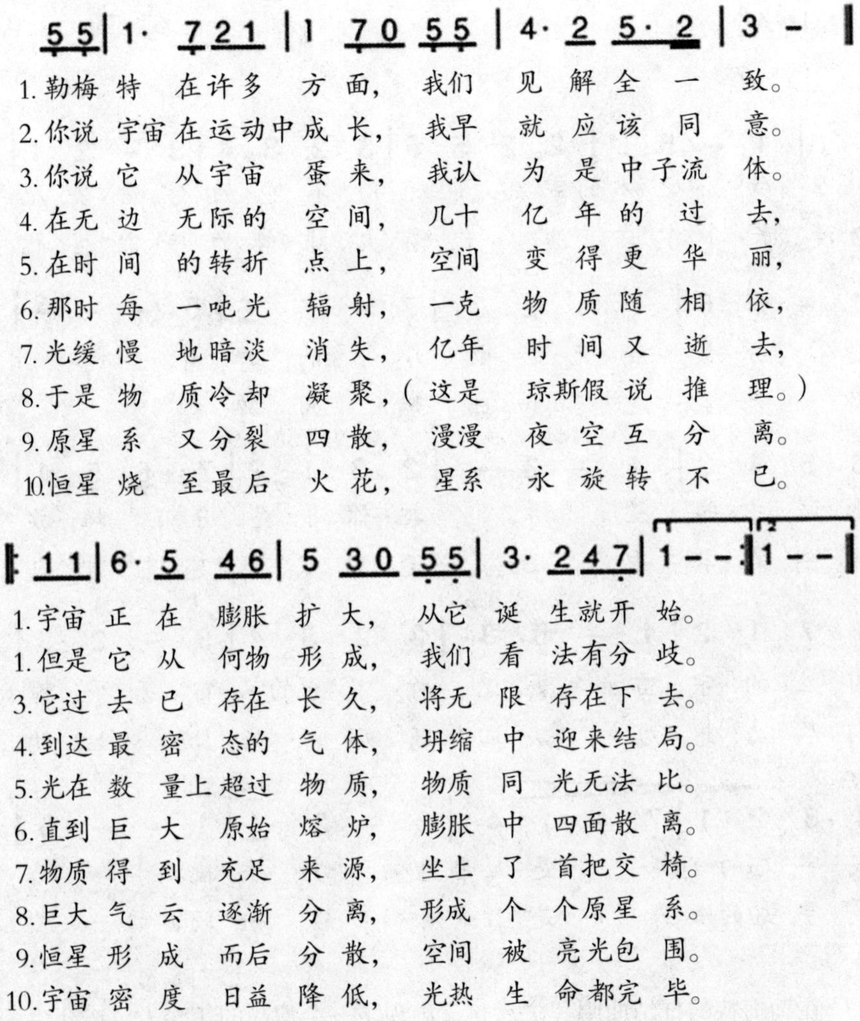

55 | 1· 721 | 1 70 55 | 4· 2 5· 2 | 3 – |

1.勒梅 特 在许多 方 面， 我们 见 解 全 一 致。
2.你说 宇宙 在运动中成 长， 我早 就 应 该 同 意。
3.你说 它 从宇宙 蛋 来， 我认 为 是 中子流 体。
4.在无 边 无际的 空 间， 几十 亿 年 的 过 去，
5.在时 间 的转折 点 上， 空间 变 得 更 华 丽，
6.那时 每 一吨光 辐 射， 一克 物 质 随 相 依，
7.光缓 慢 地暗淡 消 失， 亿年 时 间 又 逝 去，
8.于是 物 质冷却 凝 聚，（这是 琼斯假 说 推 理。）
9.原星 系 又分裂 四 散， 漫漫 夜 空 互 分 离。
10.恒星 烧 至最后 火 花， 星系 永 旋 转 不 已。

|: 11 | 6· 5 46 | 5 30 55 | 3· 247 | 1 – – :| 1 – – |

1.宇宙 正 在 膨胀 扩 大， 从它 诞 生就开 始。
1.但是 它 从 何物 形 成， 我们 看 法有分 歧。
3.它过 去 已 存在 长 久， 将无 限 存在下 去。
4.到达 最 密 态的 气 体， 坍缩 中 迎来结 局。
5.光在 数 量上超过 物 质， 物质 同 光无法 比。
6.直到 巨 大 原始 熔 炉， 膨胀 中 四面散 离。
7.物质 得 到 充足 来 源， 坐上 了 首把交 椅。
8.巨大 气 云 逐渐 分 离， 形成 个 个原星 系。
9.恒星 形 成 而后 分 散， 空间 被 亮光包 围。
10.宇宙 密 度 日益 降 低， 光热 生 命都完 毕。

接下来就是霍伊尔了。他突然从发亮的星系之间的空隙中出现了，从口袋中拿出一个旋转的烟火。当它开始发出旋转的火花时，他自信的手拿着这个类比新生的星系，同时嘹亮的唱道：

**宇宙永存咏叹调**

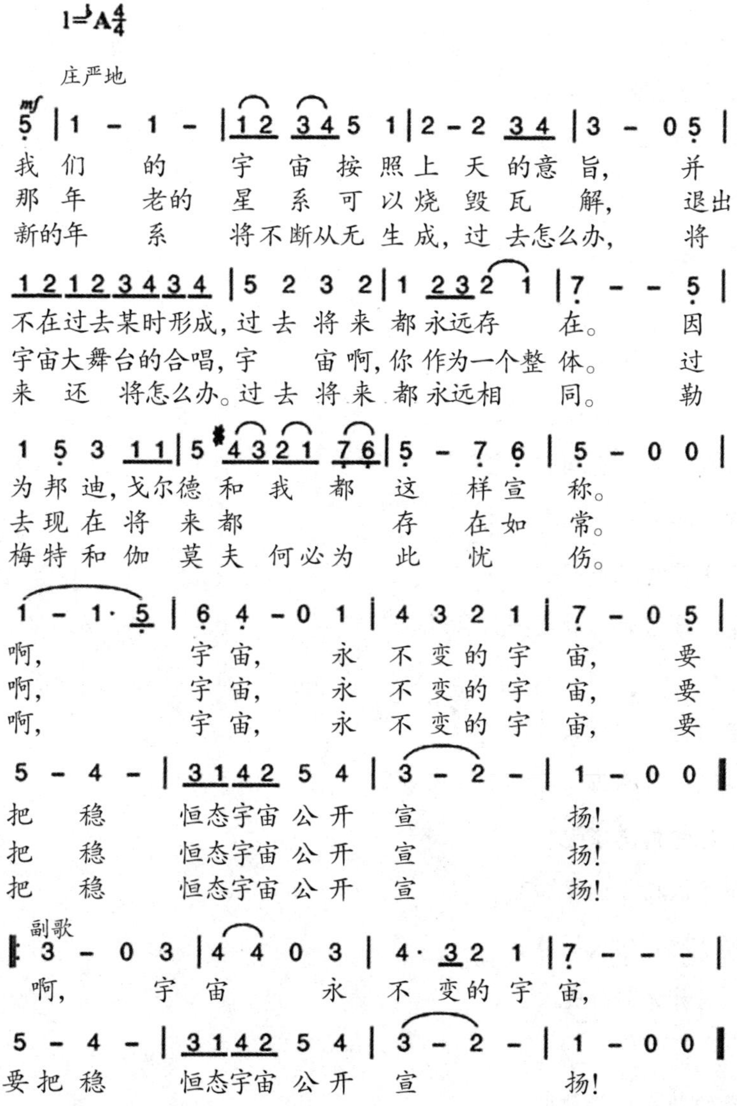

1=♭A 4/4

庄严地

mf

5 | 1 - 1 - | 1 2 3 4 5 1 | 2 - 2 3 4 | 3 - 0 5 |

我 们　的　宇　宙 按 照 上 天 的意 旨，　并

那 年　老的　星　系　可 以 烧 毁 瓦　解，　退出

新的年　系　将不断从无 生 成，过 去怎么办，　将

1 2 1 2 3 4 3 4 | 5 2 3 2 | 1 2 3 2 1 | 7 - - 5 |

不在过去某时形成，过 去 将 来 都 永远存　在。　因

宇宙大舞台的合唱，宇　宙 啊，你 作为一个整 体。　过

来 还 将怎么办。过 去 将 来 都 永远相　同。　勒

1 5 3 1 1 | 5 #4 3 2 1 7 6 | 5 - 7 6 | 5 - 0 0 |

为 邦 迪，戈尔德 和 我 都 这 样 宣 称。

去 现 在 将 来 都　存 在 如 常。

梅 特 和 伽 莫 夫 何必为 此 忧 伤。

1 - 1· 5 | 6 4 - 0 1 | 4 3 2 1 | 7 - 0 5 |

啊，　宇 宙，　永 不 变 的 宇 宙，　要

啊，　宇 宙，　永 不 变 的 宇 宙，　要

啊，　宇 宙，　永 不 变 的 宇 宙，　要

5 - 4 - | 3 1 4 2 5 4 | 3 - 2 - | 1 - 0 0 ‖

把 稳　恒态宇宙 公 开 宣　扬！

把 稳　恒态宇宙 公 开 宣　扬！

把 稳　恒态宇宙 公 开 宣　扬！

副歌

‖: 3 - 0 3 | 4 4 0 3 | 4· 3 2 1 | 7 - - - |

啊，　宇 宙　永 不 变的 宇 宙，

5 - 4 - | 3 1 4 2 5 4 | 3 - 2 - | 1 - 0 0 ‖

要 把 稳　恒态宇宙 公 开 宣　扬！

在“霍伊尔”演唱的时候，人们都发现，尽管他赞美宇宙恒定的歌曲足以振奋人心，但是空间中的微小“星系”已经熄灭了。

这时到了歌剧的最后一幕，所有的演艺人员都开始了合唱：

“对你那辛苦研究耗费的光阴，”
赖尔坦率地对霍伊尔说，
“只是浪费而徒劳无功。
你那所谓稳恒态理论，
如今已经被淘汰出局，
即使我眼瞎了都不会相信。”

“我用巨型的望远镜，
将你的幻想无情地扑灭，
你所有认为的真相。
我得坦率地告诉你：
我们生存的这个宇宙
日复一日增大，日复一日稀疏。”

霍伊尔说：“你只不过是
重提勒梅特和伽莫夫的老生常谈。
还是把它们忘了吧！
那个难以捉摸的宇宙蛋，
和那个所谓的大爆炸，
有能有什么好处呢？！”

“我的朋友，请你明晰，

宇宙的开端从来都无从谈起，
它的结局也并不存在，
邦迪，戈尔德，还有我，
即使我们老到头发都掉光了，
也对此深信不疑。”

“你这简直是满口胡言！”赖尔喊道，
他的怒气冲上脸颊，
不断地使用强调语气，
“正如我们观察到的那样，
极其遥远处那些星系，
彼此靠近，分布较密。”

“你这样说话简直让人生气！”
霍伊尔同样爆发了，
再次重提他的说法，
“每日，每晚，
总有新物质在产生，
使得宇宙的存在永远如一。”

“别胡扯了，霍伊尔先生，
我早已打败了你，
你就别再强词夺理。”
赖尔坚定地说，
“用不了多久，
我将让你彻底清醒！”

演出结束的时候，观众们都发出了雷鸣般的掌声以及用脚跺地的声音，然后都自发站起来为演员喝彩。这个情景持续了很久，之后，帷幕最后紧紧地闭上了，无论人们如何呐喊都没再拉开。

渐渐地，观众们开始慢慢地退场了，比较年轻的同学们都去了联谊酒会。

“明天你有特别的安排吗，慕德？”在离开之前，汤普金斯先生问道。

“哈，没有。”她回答，“如果你愿意，何不到我那里喝杯咖啡呢？上午 11 点可以吗？”

# 第七章
# 黑洞、热寂与喷灯

“我猜就是这里了！”汤普金斯先生看着慕德画给自己的地址简图嘟哝道。大门上并没有诺尔顿庄园的标识，不过在马路的尽头，的确有一座被郁郁葱葱的藤蔓环绕的庄园。这与他想象中的样子有所不同，不过他还是决定去打问一下。就在这时，他认出了慕德，她正在花坛清除杂草。慕德也看到了他，两个人都很亲切地打了招呼。

“你的家可真大，”汤普金斯先生羡慕地说，“我从没想到画家会是如此富有。你不会因为这里太大而感到冷清吗？这可不利于你的创作啊。”

刚开始慕德还没听明白他在说什么，然后某一刻，她突然笑了出来，“你认为这里都是我的吗？”她滑稽地说，“我倒是很希望是这样的，不过这里已经分割了，自从诺顿家族离开这里之后，它现在被划分成了很多单元。其中只有很小的一部分属于我。”她指着前不久才扩建出的小屋说，“到里面坐坐吧，不要拘谨，就像在你自己家一样。”

在等待水烧开的时候，慕德带着汤普金斯先生参观了下她布置得很精致的屋子，然后两人坐在了沙发上，一起喝着咖啡、品尝饼干。

“你觉得昨天晚上的歌剧怎么样？”慕德问。

“哈，那真是太有趣了，”汤普金斯先生说，“不过，我并没能全部都看懂。不过我还是很喜欢它，很感谢你能带我一起去。不过有一点……”

“什么？”

“也不是什么重要的地方。就是回到家以后，我不由自主地为定态理论被否定而感到惋惜。它看起来很说得通啊。”

“你可别让我爸听到这句话。”她微笑着说，“我可是费了好大的劲才说服他允许彩排这样的歌剧呢。他可不想学生被迷惑。真正的科学应该建立在实验上，而不是建立在人们的审美上，虽然那台歌剧他也参与编排了一大段歌舞。一种理论，无论它是如何让你感觉舒适，但如果它与实验的结果相对立，你就一定要把它抛弃掉。”

“定态理论不成立的例证难道真的如你所说的那样，极为有力吗？”他问道。

“是的，”她回道，“所有证据都压倒性地表明大爆炸理论的正确性。并且，我们已经知道，宇宙随着时间的推移已经发生了改变。”

汤普金斯先生惊奇地问：“我们已经观测到了吗？”

“是这样的。要知道，光的速度也是有限度的，它从遥远的天体传送到地球也需要花费一定的时间。在我们考察遥远的宇宙空间时，实际上是在考察相距很久远的过去。比如，”她望着窗外说，“太阳发射的光要用 8 分钟才可以到达我们这里，也就是说，我们现在看到的光是 8 分钟以前的样子，而不是此刻的样子。这种情况对于诸如仙女座星系那些更加遥远的天体来说，也是同样的。你一定在某本天文学的书籍中看到过某个星系的照片。比如那个星系距离我们有 100 万光年之远，那么，那些照片反映的就是它在 100 万年前的样子。”

“你说这些是想阐明什么呢？”

“我是想说，”她继续说道，“马丁·赖尔发现，他越往宇宙的深处探索，也就是说，他看到越久远的过去，在一定范围内存在星系的数量就越多。假如宇宙的确随着时间的推移逐渐变得稀疏，那么，这刚好可以推论出我们的结果，宇宙过去比现在更为稠密。”

**可以在天文书中找到仙女座的照片**

“昨天歌剧尾声的部分，就说到过这一点对吧？”汤普金斯先生说道。

“是的。而且不但如此，我们还知道，就连星系本身的性质也随着时间发生了改变。曾经有个时期，也就是大爆炸后刚形成星系不久，它们燃烧时发出的光要比现在更加明亮。当它们表现出这种状态的时候，我们把它们称为类星体。现在发现，类星体只存在于极遥远的地方，也就是说，它们只存在于极为遥远的过去，而现在并不存在，这明显与宇宙不变的理论发生了冲突。”

“好吧，我快被你说服了。”汤普金斯先生无奈地说。

“我还没有说完呢。”慕德肯定地说，“再比如原初原子核丰度……”

“等下，那是什么啊……”

“是源于宇宙大爆炸的不同粒子的比例。我们都知道，在宇宙大爆炸的初级阶段，一切物质温度都极高，所有的物质都会肆意运动，彼此之间就会发生碰撞。这种情况下，宇宙中存在的所有物质都是亚原子核粒子

（中子和质子）、电子以及其他基本粒子。根本不存在重原子的原子核。不久之后，由于中子和质子发生了聚合，形成了第一个原子核，但是在之后一系列的碰撞过程中，它会因为撞击而被破坏。后来，随着宇宙的膨胀以及慢慢地冷却，碰撞的现象发生得不像过去那么频繁了，而且猛烈程度也有所下降，这时，新的原子核才得以存在下去。于是，就出现了这种被物理学家们称为原初核合成的过程。”

“不过，原子核越来越多地吸收质子与中子，进而组成越来越大的原子核的这种过程，是不可能无休止地持续进行的。”她紧接着说，“这是一种与时间赛跑的反应。随着时间的推移，温度会不断地下降。这也就会导致，温度最终会降低到一定的程度，以至于核粒子所具有的能量已经无法支持它们继续发生聚变反应。而且，随着宇宙的不断膨胀，宇宙的密度也会随之不断减小，这也就会导致碰撞发生的次数越来越少。这几种因素共同导致的结果是，原来那种核反应不再发生了，此时重原子核的混合也不再发生变化了。我们称这种混合物为冻结混合物。显然，就是种种原子核的混合物决定了最终能够形成的不同原子的比例。”

“如此一来，就可以做一件极有意义的事情，”她说，“如果你知道现在宇宙中的物质密度是多少，就可以推算出过去某个阶段物质的密度，更甚至，可以推算出原初核合成时期的密度值。而这又意味着，我们可以从理论上推算出冻结混合物是什么情况。结果显示，在冻结混合物中，有77% 的质量是以氢（最轻的元素）的形态存在的，有 23% 的质量是以氦（第二轻的元素）的形态存在的，只存在极其微量的较重的原子核。而这些结果正好和现在对星际气体原子丰度的检测结果相吻合。”

“好好，你说的是对的！”汤普金斯先生认同了她的说法，“大爆炸理论看来是胜出了！”

“不过，这还并不是最有说服力的证据。”慕德补充道，此时她更加亢奋了。

“你说话的方式越来越像你的父亲了。”

慕德对于此不予置评，然后继续说：“更有说服力的证据是宇宙微波背景辐射。我们都知道，宇宙大爆炸的温度极高，那就必然会有一个类似火球一样的状态伴随着，就像原子弹爆炸时发出的耀眼的光芒那样。那么问题来了，宇宙大爆炸产生的辐射现在在哪里？它一定还存在于宇宙的某个地方，因为它也一定是被宇宙容纳着的。当然，它肯定不是原来那种耀眼的光了，现在一定冷却了下来。目前的阶段看来，它的波长应该在微波区域中。实际上，伽莫夫就巧妙地计算出，它的波谱应该介于 7K 区域附近的某个值上。并且他的计算也是正确的，现在我们已经找到了宇宙大爆炸的残骸，1965 年，通讯科学家彭齐亚斯和威尔逊在偶然间发现了那种辐射的残留，它的温度为 2.73K，这与伽莫夫计算的数值很接近。”

汤普金斯先生听完一言不发，陷入了沉思当中。慕德好奇地看着他：“怎么了？你现在相信了吧。”

汤普金斯先生回过了神：“是的，相信了，非常感谢你，不过……”

“不过什么？”

“我想说的是，刚才在我的脑海中浮现了这样一幅画面，里面有氢、氦、电子，以及宇宙大爆炸产生的辐射，除此之外，别无他物。那么，我们如今的宇宙又是怎么来的呢？太阳和地球又是怎么来的呢？你和我，我们人类又是怎么一回事儿呢？我们总不会也是由氢和氦构成的吧！”

“你问的这些问题可是贯穿了 120 亿年的时间啊！你打算要我回答多久啊！”

“3 分钟可以吗？”汤普金斯先生热切地盼望着。

慕德笑了笑：“那我就尝试下！你准备好了吗？”

“等下！”汤普金斯先生眼盯着手表说，“好，开始吧！”

“听好了，宇宙在发生大爆炸后的几分钟内，只存在氢与氦的原子核以及电子。30 万年之后，所有的物质都冷却了，温度已经降低到了一定的程度，此时电子就可以环绕原子核了，于是就诞生了第一个原子。此时，空间中充满了一种气体，它的密度非常均匀。不过，在某些地方也存在极为微小的不均匀，有的地方密度稍微比平均密度大一些，而有些地方就相对极微小地小一些。如此一来，由于密度较大的地方会有较大的万有引力，那么气体就开始在那些地方聚集。当聚集的气体越多，它们就会有越强的引力，也就越能从周围吸引更多的气体，从而形成一些区分开来的气体云。而此时，所有的气体云中都会出现一些很小的旋涡，这些旋涡会互相挤压，导致温度上升。最终，温度会变得极高，从而引发核聚变，由此恒星就诞生了。这样又过了大约 10 亿年，宇宙中出现了各个星系（目前有两种星系形成的观点，一种是先形成星系云，然后它们分裂出恒星；另一种是先形成恒星，然后恒星聚集产生星系。哪种是正确的目前还没有定论）。恒星形成之后，依靠核聚变的过程会拥有能量。恒星不仅会释放能量，而且还会逐渐产生并且富集起较重原子的原子核，正是它们成了之后构成地球以及我们身体所需的原料。之后，恒星上的核反应会消耗光恒星上所有的燃料。这个过程对于如同太阳大小的中等恒星，需要约 100 亿年。然后，老年时期的恒星会发生膨胀，变成红巨星，之后再收缩起来，变成白矮星，最终会慢慢凝结成温度极低的岩石。质量大一些的恒星结局会有所不同，它们会随着一声轰鸣爆炸，这被称为超新星爆发。正是这种爆发会喷射出一些新合成的物质，也就是重的原子核。现在它们就与星际气体混合在一起了，然后会聚集起来，形成第二代恒星以及首次出现的像地球这样的多岩石行星（产生第一代恒星的年代，并不会产生行星）。之后，这种行星中的一颗，我们的地球，通过自然选择逐渐演化，终于用它表面的化学物质创造出了‘我们’。我们与星际尘埃之间的关系就是这样的。”

慕德突然停止了：“哈，我讲完了，你看用了多久？”

“没有超，只用了不到两分钟……”汤普金斯先生微笑着说。

“那太好了！”慕德高兴地说，“照这样看来，我还剩一分钟的时间来讲黑洞。”

“黑洞？”

“是的，黑洞。它是宇宙中那些最重的恒星爆炸后的产物。我刚才讲到，这些恒星会喷射出一些物质，但是，残留的物质就会发生坍缩形成黑洞。”

“那么黑洞到底是什么呢？”汤普金斯先生好奇地问道，“当然，我听过黑洞的大名。”

“所谓黑洞就是，当万有引力大到任何的物质都无法逃脱它的吸引时，你发现的东西。那个时候，恒星所有的物质都会坍缩成一点。”

“一点！”汤普金斯先生惊叫了出来，“你是说，真正的一个点？”

“没错。它并没有体积。”慕德这么回答道，“这个点集中了所有的物质，它周围的区域是一个强得让人难以置信的引力场。这个引力场是如此的强，以至于无论任何东西，只要进入那个范围（即事件视界）中，就再也逃离不出来了，即便是光线！这也是我们称它为黑洞的原因。任何进入事件视界中的物质，都会即刻被吸到中心点上。”

“这也太诡异了！”汤普金斯先生说道，“那么，黑洞的后面是什么呢？”

“后面？谁知道呢，‘后面’肯定什么都没有。落入黑洞的物质都集中在了中心。不过，也有人提出一种猜想，认为黑洞连接着我们宇宙与其他宇宙的隧道，这些物质会通过隧道流走，然后在另外的宇宙以‘白洞’的形式喷射出去。不过，这些仅仅是猜测罢了。”

“你可以确定真的有黑洞存在吗？”

“当然，而且证据还很有说服力。不但发现了由坍缩的老年恒星形成的黑洞，还发现了星系中心存在的黑洞，它可能已经吞噬了数百万颗恒星，并且质量极大。”

汤普金斯先生面带敬佩地微笑着看着慕德。

“你为什么要这样看着我呢？”慕德好奇地问。

“哦，没什么，我就是感到好奇，你只是在地球上，为什么可以懂得这么多。”

她谦虚地耸了耸肩，“这还用问？大部分都是从那儿学到的。”慕德冲着排满了科普书籍的书架努努嘴。

“爱因斯坦女士，我还想再问最后一个问题，”汤普金斯先生问道，“这一切的结局会是怎样呢？宇宙未来会向哪里演化呢？我记得教授说过，宇宙并不会一直膨胀下去，它的膨胀速度会慢慢变缓，最终会停止膨胀。”

“如果暴胀理论正确，并且宇宙物质的密度存在一个临界值的话，他说的就很正确。那个时候，所有的核燃料就消耗完了，恒星全部都死亡了，很多恒星还会被吸入所在星系的中心的黑洞中，宇宙会变得极为冰冷，完全不会有生命的存在了。科学家们把这种状态称为宇宙的热寂。”

汤普金斯先生听得汗毛直立：“我真的不想听到这样的结论。”

“不好意思，我不知道你会如此恐慌，我真不该这样讲。”她极有礼貌地向汤普金斯先生道歉说，“不过，在这种情况真的发生的时候，我们早已不在人世了。不管怎样，我们都换个话题吧，不要再谈论它了。”

“好的，真不好意思，希望你别对我产生别的不好的印象。”

“没关系的，你已经很好了，”她安慰道，“下周我可能没法帮你的忙了。”

“下周你有什么事情吗？”

“是啊，还记得我爸下周要演讲关于量子理论的知识吗？”

“嗯，我还记得。”

“不过我对量子理论一直都是一知半解的，所以我只能祝你好运了。现在我们可以来聊聊我的美术作品了，你真的想看吗？”

“你的作品？当然，我当然想看啊。”他回道，“你把它们藏在了哪儿？不在工作室吗？”

“在，就在庭院后面，我改装了一间废弃的老仓库。这也正是我选择这里居住的原因，我看中的并不是这个屋子，而是那个仓库。”

慕德的工作室是个有趣的地方，汤普金斯先生之前几乎从没见过这样的地方。慕德创作的作品也很别致，虽然它们也是用镜框装裱的，最后也将会挂在墙上，但是这些作品却不是用通常的材料做成的。而是用诸如木头、塑料、金属管、石片、鹅卵石、铁罐等这样的材料精心地黏合在一起形成的动人的艺术作品。

“这作品简直美妙极了，”汤普金斯先生赞叹道，“我从没见过这样的作品，我想说，”汤普金斯先生说话开始不利索了，“虽然我并不能说理解它们的含义，但是，我真的很喜欢它们。”他肯定地说道。

慕德笑了，“它们可不是物理理论，陈列在这里，并不是为了让你去理解它们，而是去感受它们。”

汤普金斯先生于是站在一幅作品前，默默地凝视了一会儿，然后鼓起勇气发表了见解：“一定要感同身受地理解它们，只有把自己的某种情感融入作品当中时，才能领略到这件作品蕴含的美。你是这个意思吗？”

慕德把喷灯对准了一幅画

慕德不置可否地耸了耸肩。“这件是我最新的作品。”她指着汤普金斯先生眼前的作品说，“从中你看到了什么？”

“在这幅中吗？那是一个美丽的海滩，海滩上还有一些被海冲上岸的东西。这些东西都是些很老旧的变了形的物件，每件都经历过很长的独有的故事，只不过在偶然的条件下，被凑在了同一个时空当中。”

慕德热切地看着汤普金斯先生，这是他之前并没看到过的一种眼神，这让他感觉自己瞬间变得晕晕乎乎。

“对不起，我说的全是废话。可能是因为展览物的目录看得太多的缘故吧。在城里工作有个好处就是，可以利用午休的时间去参观美术馆与艺术品展览会。”他解释道，“我是很喜欢美术的，虽然只是其中的一部分，我已经尽可能地融入这个时代了。”

慕德又微笑了起来。

“可不可以告诉我，”他继续说，“你是怎么把这种火烧过的效果做得这么逼真的？它看起来简直就是从火场中抢救出来的一样。”汤普金斯先生指着一片镶嵌在塑料里的看起来有些炭化的木材说。

慕德俏皮地看着他：“你要想知道，我可以做给你看，不过你可得小心点儿。”

说着，她划着了根火柴，点燃了桌子边上放着的一盏喷灯，然后把喷口对准了一幅画的画面。很快，木材上有一部分就烧红了。工作室里立马变得烟雾缭绕。汤普金斯先生赶忙后退，打开了门来散烟。当他的目光再次聚集在慕德的脸上时，看到的是一张专注的面庞，就如同画中才有的美人那样。此时，他深深地意识到，自己已经坠入了爱河。

# 第八章
# 球桌上的量子

有一天，汤普金斯先生从银行下班回家，在路上，他感到身心疲惫，这时刚好路过一家酒馆，他于是决定进去休闲地喝上几杯酒。随着啤酒一杯杯地下肚，汤普金斯先生的醉意也开始慢慢出现了。酒馆的后面是个台球厅，里面有很多戴着袖套的人围在台球案边打台球。汤普金斯先生依稀记得，他原来曾来过这里，是一位年轻的同事带他来的，还教会了他打台球的技巧。于是，汤普金斯先生的兴趣就来了，他走到台球桌前，观看了起来。突然，出现了一件让人费解的事情。有位球手把一个台球摆在球桌上，用球杆用力地撞击了下它。盯着那个快速滚动的台球看时，汤普金斯先生惊奇地看到，那个台球竟然“弥散”开了。“弥散”这个词是他能找到的最恰当的描述当时眼中场景的词了，因为它从绿色的台桌上滚过时，看起来似乎越来越模糊，明确的轮廓都消失了，就好像球台上滚动的并不是一个台球，而是彼此部分重叠的无数个球合成的一样。汤普金斯先生想不出为什么会发生这种事，“算了，”他心想，“还是看看这个拙劣的球手是怎么打球的吧。”

很显然，那个击球手水平相当高超，滚动着的那个球正中另一个球。此时发出一声清脆的撞击声，母球与子球开始朝着四周快速地滚动。这太奇怪了，现在出现的并不是看起来有些弥散的两个台球，而是似乎有无数个模糊的台球，从大致分布在原来撞击方向 180° 角的范围内向外滚去。就像是从撞击点向外扩展的独特的波。

并且，汤普金斯先生观察到，在原来撞击的方向上，台球的通过量是最大的。

“这就是一个说明概率波很好的事例。”一个熟悉的声音从汤普金斯先生背后传来，他一下就听出了那是教授的声音。

“啊，原来是教授来了，”他说，“这太好了，您可以帮我解释下这里发生的事情吗？”

“当然，”教授说，“假如做个比喻的话，这家台球厅的老板收购来的这些东西，都患上了‘量子象牙症’。很确定，自然界的所有物体都遵从量子规律，但是，在那些现象中起到的作用，也就是所谓的量子常数，是极其微小的，实际上，它的数值是一个在小数点后要加上27个零的数，通常都是这样的。但是，此时你看到的这些台球这个常数就要大太多了，甚至接近1，也正是因为这样，你才可以亲眼看到这种量子现象。通常来说，这要用极其巧妙而且敏锐的方法才能发现得了。”说完，教授沉思了片刻。“我倒不是想追究什么，”他紧接着说，“不过，我倒是很感兴趣，那个老板究竟是从哪里找到的这些台球，准确地说，这种台球根本不可能出现在我们这个世界，因为对于我们这个世界的所有物体来说，量子常数的值都非常非常的微小。”

“或许是从其他某个世界进口来的吧。”汤普金斯先生猜测说。

这是概率波的一个极好比喻

不过，教授明显不认同这种说

法，并且仍然持有怀疑的态度。“我们都看到了，”他继续说，“那两个台球都发生了‘弥散’，也就是说，它们在台球桌上的位置是不确定的。实际上，你根本无法精确地描述出一个球的具体位置，你只能大概说，那个球‘基本上是在这里，’但‘也可能在其他的位置’。”

“这种说法也太反常了吧。”汤普金斯先生低声说。

“刚好相反，”教授反驳说，“从一切物体都会发生这种现象的意义上说，这是再正常不过的表述了。只不过因为人们用的普通的观测方法太过粗略，而量子常数的值又太过微小，人们才没有注意到这种测不准性。于是他们就错误地认为：位置与速度都是永远可以准确测定的量。实际上，这两个量一直都存在一定程度的测不准性，并且，如果其中一个量的测量越准确，那么另一个量就会越弥散，越测不准。量子常数所描述的东西，就是它决定的这两个测不准的量之间的关系。现在请注意，我要把这个球装在三角木框里，明确地限定出它的位置。”

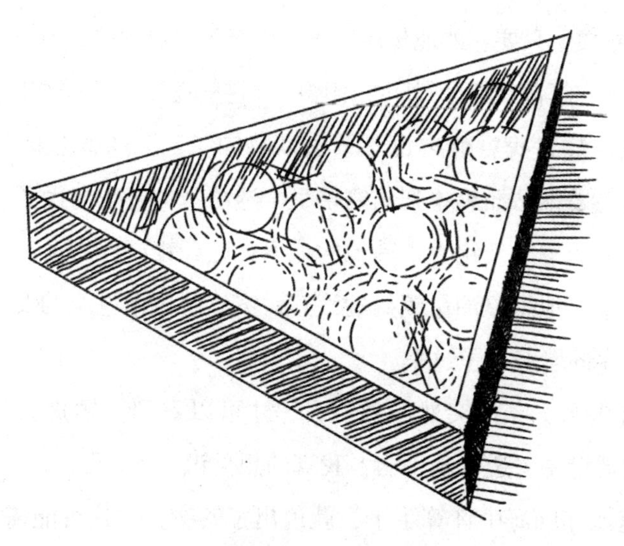

**台球被限制在三角框中**

当那个球被限制在木框的一瞬间，整个三角框的内部就开始到处闪着白如象牙的光。

“你看，”教授说，“现在我把台球的位置限定在三角框内几分米的范围中了，这就导致速度表现出了很明显的测不准性，所以台球就在木框里剧烈地运动起来。”

“可以让它们停下来吗？”汤普金斯先生问。

“并不能，从物理学的角度上，这是办不到的事情。任何处于封闭空间内的物体都会发生一定程度的运动，物理学中把这种现象称为零点运动。一个很好的例子就是，所有原子中的电子运动都属于这个范畴。”

在汤普金斯先生目光集中在如困在笼子里的老虎一样，到处冲来撞去的那个台球上的时候，突然发生了件非同寻常的事情。那个球竟然直接穿过了三角框的框架，逃了出来，朝着远处的角落滚了出去。没错，不是越过三角框架，而是直接从并无透孔的木架壁中穿了过来，一点都没跳动。

“看到了吧！”教授说，“实际上，这就是量子论中最有意思的一个推论。任何的物体，只要它的能量足够大，以至于穿透围墙后还可以继续运动，你就无法把它禁锢在那个封闭的围墙中。它早晚会从里面透出来的。”

“要真是这样，我可就再也不敢去动物园了。”汤普金斯先生肯定地说，他活跃的思维已经想象到从笼子里“透出”的老虎与狮子打架的情景了。之后，他的思维又跑去了其他的地方：已经锁好的汽车突然从车库里“透”了出来。他想象油量锁好的汽车，突然就像中世纪的女巫那样，“透过”汽车库的墙壁冲了过来。

“我要等多久，”他突然问教授，“才可以看到一辆货真价实的汽车，从车库的墙壁中‘透’出来啊？我真的想见识一下。”

教授飞速地在脑海中计算了下，就说出了答案：“这可能需要等 100 000 000…000 000 年。”

即使总在银行业务中接触巨大数字的汤普金斯先生，也搞不清教授究

假如他的汽车可以从锁好的车库里漏出来呢？

竟说了多少个零，总之这个数字是长得可怕，以至于他根本就不必担心自己的汽车会自己溜走。

“就算我认同了你的说法，可还是十分费解，这种事情究竟怎样可以观察得到，除了用眼前这些来路不明的台球。”

“这是一个很合理的质疑，”教授说，“当然，我并不是说，在你平常接触到的物体上，可以直观地看到量子现象。而是说，量子规律只有在通过对原子或电子这种非常小的质量的物质进行观察时，才可以发现显著的效应。对于这些粒子而言，量子效应已经足够大了，以至于普通的力学完全失效了。两个原子之间的碰撞，看起来与你刚才看到的两个‘量子象牙’台球碰撞的情况完全相同；电子在原子中的运动，也与我在三角框中放入台球时发生的‘零点运动’极为相似。”

“那电子是不是经常会从原子中逃走？”汤普金斯先生问道。

“不，并没有，”教授快速地回道，“根本不会发生这种情况。你可能还记得我曾说，物体一旦通过壁垒透出，还得具备足够的能量逃向别处。电子是凭借它所带的负电荷与原子中质子的正电荷之间的静电引力，才得以存在于原子中的。电子并没有足够大的能量可以摆脱这种引力，因此它也就没有办法逃走。如果你想看到粒子透出的情况，那我建议你去观察重原子核。某种意义上说，重原子核的表现给人的感觉就像是由一些 α

粒子构成的。”

“α 粒子是什么？”

“α 粒子是氦原子核的别称，这是由于历史原因产生的。它由两个中子和两个质子组成，并且结合得极为紧密：这 4 个粒子可以极为高效地紧贴在一起。正如我刚才所说，由于 α 粒子结合得极为紧密，在一些情况中，重原子核表现得就如同是一些 α 粒子的集合体，而不是由单个的中子与质子组成。虽然这些 α 粒子也在原子核中运动，但却依靠这种把核子结合在一起的短程核引力，持久地束缚在原子核中，至少通常情况是这样的。但是，也常会有一个 α 粒子透出来，跑到了那种束缚它的核引力作用范围之外。实际上，此时它只受到本身的正电荷与在它后面的其他 α 粒子的正电荷之间的长程静电斥力的作用。所以，此时这个 α 粒子就会被推出原子核。这也是放射性原子核的一种衰变方式，可以看得出，这个 α 粒子与那辆待在车库里的汽车很相像，只不过 α 粒子透出的速度要比汽车快得多！”

进行完这次漫长的谈话之后，汤普金斯先生心中涌起一股疲惫的感觉，他双目涣散地四周张望，注意力被放在房间角落的一座大型的年代久远的时钟吸引住了，它长长的钟摆在缓慢地来来回回地摆动。

“我猜你是对这座时钟产生了兴趣，”教授说，“这可不是一件平常的机器啊，虽然它现在已经过时了。人们最早开始思考量子现象就是通过这种时钟来进行的。这种安装钟摆的方法，会让摆幅只能改变有限的次数。不过现在在制作钟表的时候，人们更愿意用结构更加精妙的弥撒摆。”

“啊，真希望可以理解这些复杂的事情啊！”汤普金斯先生满怀期待地说。

“那太好了，”教授当即说，“我是在去演讲量子论的途中拐进来的，因为我透过窗户看到了你。要是不想迟到的话，我得现在就出发了，你要和我一起吗？”

“那真是太好了。”汤普金斯先生高兴地说。

正如往常那样，演讲厅已经坐满了学生，汤普金斯先生只好在台阶上找个地方坐下了，不过即使这样，他也感到很满足了。

女士们，先生们——教授的演讲开始了——

在前面两次演讲中，我费尽心思想要和你们解释，由于已知的所有的物理速度都存在一个上限，并且我们也对直线的概念进行了透彻的分析，这使得我们重新构建了 19 世纪的时空观念。

但是，对物理学的基础进行批判与分析的结果，并没有停留在这个阶段而踟蹰不前，紧接着，我们又发现了一些更让人震惊的现象与结论。这里我指的是物理学中的一门分支学科——量子论。它与时间和空间本身的性质关系并不大，但是与物体在时间和空间中的相互作用以及运动有着密不可分的关系。

经典物理学的观点认为，都不需要证明就可以确定，通过改变实验的某些条件，就可以把任意两个物理客体间的相互作用降低到怎样小的程度，如果需要的话，甚至可以降低到等于零。比如，在研究某个过程产生的热时，人们总是担心温度计会带走一部分热量，从而导致实验结果不准确，但是实验者们却总是相信，用极小的温度计，或者极为巧妙的温差电偶，就可以把这种干扰项降低到想要降低的精确度之下。

以前人们还确信，从理论上说，任何的物理过程都可以用任意的精度进行观察，而且这种观察并不会对观察的过程产生影响。这种观念已经深深地扎入了人们的心里，以至于没有人会刻意地去证明它的正确性，而遇到问题的时候，总是归结于技术手段不够高明。但是，20 世纪以来，我们积累的很多新的实验结果，却在不断地向科学家们传递一个信息，事情的真相并没有这么简单，在自然界中，的的确确存在一个明确的互相作用的下限，而且这个下限是无法超越的。在我们日常生活中熟悉的这个尺度上，这种精确度的极限小到几乎可以忽略，但是当尺度是原子或分子这一级别的时候，这一极限对系统中发生的过程就显得非常重要了。

1900年，德国物理学家普朗克在从理论上研究物质与辐射之间平衡的条件时，得出了一个让人震惊的结论：这种平衡根本无法达到，除非假设物质与辐射之间的相互作用，并不是我们通常认为的连续着的，而是由一系列的并不连续的冲击实现的，每次这种相互的作用，都会使得能量发生转移，从物质转移给辐射，或者反过来，从辐射转移给物质。要想达成平衡，并且让理论与实验相符，一定得在每次冲击所转移的能量与导致能量转移的过程的频率之间，引入一个简捷的表示数学比例的关系式。

这样，普朗克就得出了这样的结论，用符号h来代表这个比例常数，那么每次冲击所转移的最小能量（量子），就可以用下面的公式求出：

$$E = h\nu \tag{13}$$

其中$v$表示辐射的频率。常数h的数值为$6.547 \times 10^{-34}$焦·秒，它通常被称作普朗克常数或者量子常数。量子常数的数量极其微小，这就是我们无法在日常生活中观察到量子现象的原因。

爱因斯坦对普朗克的这种观点进一步进行了发展，几年后他得出了这样的结论，认为辐射不仅在发射的时候才会分成大小有限的、分立的很多部分，而且永远都是以这样的方式存在的，换句话说，它永远都是由无数分立的“能包”构成的。并且，爱因斯坦还给它们命名为光量子。

那么，只要光量子在运动，它们就不断具有能量hv，而且还拥有一定的动量，根据相对论的力学理论，这个动量应该等于它们的能量与光速$c$的商。就好比频率与波长$\lambda$之间存在$\nu = c/\lambda$的关系一样，光量子的动量$p$与它的频率（或波长）之间也存在如下的关系：

$$P = \frac{hv}{c} = \frac{h}{\lambda} \tag{14}$$

因为运动的物体在发生碰撞时产生的力学作用取决于它的动量，所以我们可以得出结论：光量子的作用会随着波长的减小而出现增大。

美国物理学家康普顿的研究所做出了可以最有效证明光量子的存在以及光量子具有能量与动能这个理论的实验。他们在研究光量子与电子的碰撞时发现：因光线的作用而开始运动的电子，会表现出与电子被公式（13）和（14）给出的能量与动量的粒子击中时相同的情况。光量子本身与电子碰撞之后，也会表现出某些变化（频率改变了），这与量子论非常吻合。

现在我们认为，单以辐射与物质的相互作用来说，辐射的量子性质已经是可以充分确认的实验事实了。

将量子论进一步发展的人是著名的丹麦物理学家 N. 波尔。1913 年，他最先提出了这样一个构想：任何一个力学系统内部的运动只存在一套分立的能量值，而且，运动只可以通过一定大小的跳跃改变它的状态，每一次发生这样的跃迁，都会辐射或者吸收一定量的能量（大小为那两个容许能态之间的能量差）。他之所以会产生这样的构想，是因为受到了当时对原子光谱观察结果的影响：当原子的电子发出辐射的时候，最后获得的光谱并不是连续的，而是只有一些确定的频率——线光谱。也就是说，根据公式（13），发出的辐射的能量值是一些确定的数值。如果波尔对于发射体（此处为原子中的电子）的容许能态的构想是正确的，那么就可以很容易理解线光谱地出现了。

测算力学系统里各种可能的状态的数学方法比辐射的公式更复杂，这里我就不进行详解了，这里只做些简单的说明。如果想要完美地描述类似电子这样的微粒的运动，就一定要认为它们具有波动性。这种想法是法国物理学家德布罗意最先提出的，依据的是它自己对原子结果理论的研究。他发现，在有限空间内的波，无论是风琴管里的声波，还是小提琴琴弦发生的振动，都只具有特定的频率与波长。而这些波是与限定的那个空间的大小相适应的，并且会产生我们称之为“驻波”的情况。德布罗意因此就主张，如果原子内的电子具有波动性，那电子的波就会受到限定（限制在原子核附近），它的波长就只可以获得驻波所能具有的分立值。并且，如

果用与等式（14）相似的方程来联系起上述的波长与电子的动量，也就是

$$P_{粒子} = h/\lambda \quad (15)$$

那么，它的结果一定是电子的动量（也关联到能量）也只可以取某些确定的可能值。很显然，这就清楚地揭示了原子中的电子为什么会具有分立的能级，并且它们发出的辐射会产生线光谱。

之后的很长一段时间中，物质粒子运动的波动性被无数的实验反复证明。这些实验还显示，电子束在通过小孔时发生的衍射现象，如分子这样较大并且复杂的粒子发生的干涉现象，都可以归为这类现象。当然，如果从经典运动理论出发，在物质粒子上观察到的波动性是难以解释的。因此，德布罗意提出一种观点，认为某种波总是“伴随”着粒子的，也可以认为，就是这种波“指挥”着粒子的运动。在当时看来，这种想法是非常奇怪的。

由于常数 h 的值很微小，物质粒子的波长也就异常微小，即便是对于基本粒子中最轻的电子而言，也同样如此。当辐射的波长与其要通过的孔径相比要小得多时，衍射效应就小到可以忽视了，此时辐射就会以通常的方式通过它。这就好比足球在射入门柱之间的缝隙时，完全不会表现出因为衍射现象而发生方向的偏转。只有当运动发生在原子与分子内部那种极小的尺度中时，粒子的波动性才会明显地发挥出作用，此时我们在考虑物质内部结构的时候就无法忽视它们的存在了。

最直接地证明了这类微小的力学系统中存在一套分立能态的实验是由弗兰克和赫兹进行的，在用带有不同能量的电子轰击原子的时候，他们发现，只在入射电子的能量达到某些分立值时，原子的能态才会发生显著的变化。如果电子的能量比某一极限还要低，就不会在原子中产生任何效应，因为此时电子携带的能量还不够把原子从第一个量子态提升至另一个量子态。

因此，在量子论发展的最初阶段，并没有对经典物理学的基本概念与

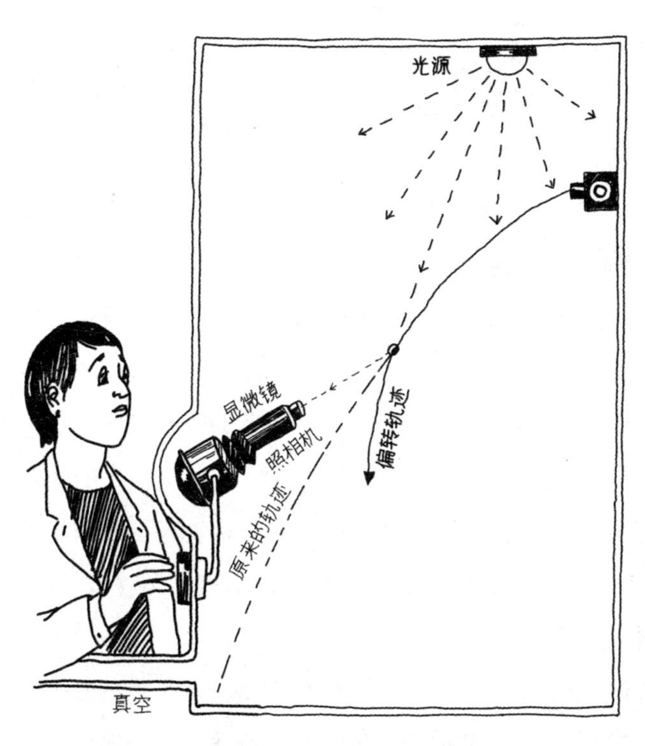


**物体的运动受到光的干扰**

原理进行修改，而只是用些让人极为费解的量子条件对经典物理学进行了偏向人为的限制，也就是说，从经典物理学中允许无限多种连续的运动状态中，只选择一套分立的“容许”状态。但是，当我们更加深入地研究经典力学定律与我们现在更开阔的视野所发现的量子条件之间的联系，就会发现，结合二者所创造的体系，在逻辑上是难以自洽的，而且，这些实验中发现的量子限制会让经典力学的奠基概念变得没有任何意义。实际上，经典理论中对于运动的基本概念是：任何运动的粒子在任何指定的瞬间都在空间中处于确定的位置，并拥有确定的速度，这个速度体现的就是粒子在运动轨迹上的位置随时间变化的情况。

位置、速度与运行轨迹，这些经典力学的奠基概念，是在我们观察通常现象的基础上产生的。所以，当我们把我们的经验所得拓展到从未涉足的新领域时，我们就不得不像在看待空间与时间的经典观念那样，对这些固有的想法进行重新的审视。

假如我提问某位听众，问他为什么会认为任何一个运动的粒子在任何指定的时间都会处于确定的位置上，并且这种运动会随着时间的推移形成一条确定的轨迹，那他有很大的概率会说："因为在观察运动现象的时候，它就是这种情况。"好吧，我们现在就来分析下，这种形成经典轨迹概念的方法，是否真的可以得出确定的结果。

为了实现这个想法，我们先来假设有位物理学家，他拥有最为精密的实验仪器，然后他用这些仪器追踪一个从实验室墙上落下的小物体的运动。我们都知道，想要观察到运动的物体，就得通过光照射它。但是这位物理学家知道，光线总会对物体产生某种压力，这可能会干扰这个小物体的运动，所以，他决定只在观察的瞬间用短暂而且快速的闪光来照射。第一次试验里，他选择了轨迹上的 10 个点进行观察，他将发出闪光的光源设置得极为微弱，以使得 10 次依次照射中光压产生的总效应可以满足他需要的精度。如此一来，物体在下落过程中就被光源照射了 10 次，物理学家也获得他精度要求之内的轨迹上的 10 个点。

现在，他再次进行这个实验，只不过这次他想取得 100 个点的数据。物理学家明白，如果仍然使用上次的照明强度，那 100 次相继的照明就会极大地干扰物体的运动，因此，他决定在这次实验中，大幅降低闪光的强度，为上次试验的 1/10。第三次进行这个实验的时候，物理学家想要获取 1000 个点的数据，这时他不得不把光照强度降低到了第一次的 1/100。

如果按照这种方法一直进行下去，物理学家通过不断地降低光照的强度，似乎可以获得他想要的任意个点的数据，并且最终实验的误差永远都不会超过他所设定的限度。这种极为理想化的想法似乎在原理上是行得通的，是通过对物体进行观察，然后建立运动轨迹的一种极为逻辑化的方式。我们都知道，在经典物理学的框架中，这是完全合理的。

现在我们引入前面所讲的量子限制，再加上对任何一种辐射的作用只能通过光量子来转移这个事实的考虑，那会发生什么情况呢？从前面的例子我们可以发现，观察的物理学家一直在减少对运动物体进行照明的光的数量，所以可以预料得到，当他把光的数量减少到只有一个量子时，他就

**弹簧上安装小铃铛**

会发现实验难以再进行下去了。此时会有两种情况发生，或者是这个光量子从运动的物体上被反射了回来，或者是没有任何东西被反射回来。而后面这种情况，显然意味着观察是无效的。当然，我们都知道，与光量子发生碰撞所产生的效应会随着光波长的增大而减小，物理学家也同样知晓，所以此时，为了让观察的次数再次加大，他就一定会用波长较大的光来进行照射，观察的次数越多，他使用的光的波长也就越长。此时，就会出现另一个棘手的问题。我们都很清楚，在使用某种波长的光时，也就意味着我们无法看到比这个波长更细微的细节，就好比我们无法用油漆刷去画精美的波斯工笔画一样。所以，当使用的波长越来越长的时候，物理学家就会难以判断出每一点的具体位置，并且不久之后，他判定的每一点的位置都会由于这种原因，波动范围有如整间实验室的范围，也就是说，每一点的位置都变得测不准了。因此最后，他只好在观察点的数量与每一点的测不准性之间采取综合的方法，这样就无法获得如同曾经的物理学家们获得的那种犹如数学中曲线那样精确的轨迹了。他能获取的最佳结果就是一条既宽且模糊的带，因此，依据这种实验建立的关于轨道的概念，就会与经典概念产生极大的差异。

以上讨论的是光学的方法，现在我们采用另一种方法——机械方法。为了实现这个构想，实验人员要设计出一种精巧的机械装置，比如在空间中安装一些弹簧，每个弹簧上都安装一个小铃铛，当有物体从它们旁边经过的时候，它们就会显示出这个物体的运行线路。实验人员可以在预测到的物体将会运动的空间中散布大量这样的小铃铛，这样一来，物体经过时响动的铃铛就可以描绘出物体的运动轨迹。在经典物理学中，这些铃铛被制作成多么小巧多么灵敏都可以，所以，在使用了无限多这种无限小巧灵敏的铃铛后，也可以按照构想的任何精度获得轨道这个概念。但当对这种机械系统施加了量子限制之后，也同样会出现问题。如果铃铛极小，那么根据公式（15），它们就会从运动物体上获得较大的动量，这样，即使只是与铃铛发生了一次碰撞，运动物体的运动状态也会受到极大的干扰。又如果铃铛做得较大，那运动物体的测不准性也会相应地变得很大，那最终获取的轨迹同样会是一条弥散的带。

我很担心上面对于观察者观察轨道的方法的论述，让大家产生一种太过依赖技术的想法，认为尽管我们无法通过上面的方法来确定轨道，但假如通过某种更为复杂的装置，就可以获得我们需要的结果。我得提醒大家，我这里所针对的并不是某个实验室里的某项具体实验，而是对最普通的物理测量问题进行了概念化的阐述。大家得知道，我们这个世界中存在的任何一种作用，都离不开辐射作用或纯机械作用的范畴，就此而论，任何精心设计的测量方法都没有脱离上面两种方法的实验原理，因此，测量的最终结果必然是相同的。既然我们想象出的“测量仪器”是可以囊括整个物理世界的，那我们最后就只好得出结论，认为在量子规律起主导作用的世界中，所谓的精确位置、形状、轨道等这些概念，根本不存在。

我们再来讨论下那个实验者吧，现在假定他要求出量子条件强加下的数学表达式，前面两种方法中我们已经看到，测定位置的行为总会对运动物体的速度产生一定程度的干扰。使用光学方法的时候，根据力学中的动量守恒定律，粒子在受到光量子撞击之后，它的动量一定会产生测不准性，大小与光量子的动量相差不多。所以，运用公式（15），我们可以把粒子动量的测不准性表达为：

$$\triangle P_{\text{粒子}} \simeq \frac{h}{\lambda} \qquad (16)$$

再联系到粒子位置的测不准性取决于光量子的波长（$\triangle \alpha \approx \lambda$），我们就可以得到表达式：

$$\triangle P_{\text{粒子}} \times \triangle P_{\text{粒子}} \simeq h \qquad (17)$$

使用机械方法的时候，运动粒子的动量一部分会被铃铛获取，也产生测不准性。运用公式（15），再联系到这种情况下粒子位置的测不准性会由铃铛的大小所决定（$\triangle P \simeq l$），我们就会得到与上面公式（17）完全相同的公式。由此可见，公式（17）是量子论的最基本的测不准表达式。由于它是由德国物理学家海森堡最先推导出来的，所以也被称为海森堡测不准原理。从这个式子中可以看出，位置测定得越准确，动量就会越测不准，反过来也是成立的。

再联想到动量是运动粒子的质量与速度的乘积，那么，我们就可以得到公式：

$$\triangle \nu_{\text{粒子}} \times \triangle q_{\text{粒子}} \simeq h/m_{\text{粒子}} \qquad (18)$$

这个量对于我们通常遇到的物体而言，微小到令人感到滑稽。即便是对于质量只有 $10^{-7}$ 克的极轻的粒子来说，它所处的位置与瞬时的速度仍然可以得到精确的测定，测定的精度可以达到0.000 000 01%。但在电子（质量为$10^{-27}$克）的场合里，$\Delta\nu\Delta q$的乘积大约为100。在原子内部，电子的速度测量的精度最少得在$10^{6}$米/秒的精度范围中，否则它就会从原子里逃出来。如此一来，位置的测不准性就可以等于$10^{-10}$米，这几乎就是整个原子的大小了。正是因为这种扩展，电子在原子中的轨迹就弥散了，轨道的跨度可以达到轨道的半径。这样一来，这个电子就可以同时出现在原子核周围的任意点上。

过去的20分钟内，我竭尽全力想要为大家阐述我们在审视经典运动理论后产生的重大后果。现在，那些曾经看起来很恰当并且符合我们审美观念的经典理论已经分崩离析了，被看起来一塌糊涂的理论代替了。当然，你们会问我：物理学家们打算如何使用这种无处不在的测不准理论，来解释某种现象呢？

我们现在就来探讨下这个问题。显然，由于位置与轨道都变成了弥散的，所以无法用如同数学中的点来定义物质微粒的位置了，也无法用数学中的线来定义微粒的运动轨迹了，那我们就得用别的方法来描述这种稀疏地分布在空间不同位置的点的密度了。如果用数学来描述，就需要用连续函数（流体动力学中使用的那种），而用物理学来描述，我们就得用“出现密度”这种说法了，也就是说，“物体大部分在此处，其余的部分在别处”，或者“这枚硬币的75%在我的口袋，而另外的25%在你的口袋”。我想，这种描述方法一定会让你大吃一惊，不过在日常生活中，由于量子常数是那么渺小，这种描述方法我们并不会用到。但是，如果你醉心于研究原子物理学，那我得奉劝你，最先要适应的就是这种表达方法。

这里我想强调下，大家一定不要错误地认为，这种描述“出现密度”的连续函数在我们这个三维空间中有什么物理学上的现实意义。实际上，我们试图去描述两个粒子行为的时候，首先就要知道第一个粒子出现在某个位置时，另外一个粒子出现在哪里。想要实现这点，我们一定得使用含有 6 个变量（两个粒子各有三个坐标）的函数，而这种函数在三维空间中一定不是“定域”函数。随着系统的复杂化，所采用的函数就得拥有越来越多的变量。从这个意义上讲，量子力学的“波函数”与经典力学中粒子系统的“势函数”就极为相似了，也与统计力学中系统的“熵函数”很类似。它不但可以描述出运动的状态，而且还可以测算出某个运动在某种条件下会产生怎么样的结果。所以，只有当我们描述粒子的运动时，它才暂时对我们描述的粒子存在物理学中的实用性。

这种可以描述粒子或者粒子系统在不同位置出现可能性大小的函数，也需要一种特定的数学书写方法。奥地利物理学家薛定谔（定义这种函数的方程就是他先书写的）给出了一个方法，用符号 $\psi\overline{\psi}$ 来表示。

薛定谔基本方程的证明过程太过复杂，这里我就不进行具体的叙述了，这里我只对推导出这个方程的必要条件做个说明，条件里最为重要的是要求，这个函数方程一定可以描述出物质粒子运动的所有波动性。

当我们推翻了经典理论，用连续函数来描述运动的时候，就可以相对轻松地理解波动性这种前提条件了。它表明的是，函数 $\psi\overline{\psi}$ 的传播，与热从墙面的一面传递到另一面这种传播并不相似，而更像是机械形变（声音）通过墙壁的传播。这就为我们找到的数学描述方法确定了明确而且严格的形式。也就是说，这个基本条件还要求满足另外一个需求，当这个方程用在可以忽略量子效应的较大质量的粒子上时，可以转化为经典力学中使用的方程。从实际上看，找到这个方程的过程就好比在解一道数学难题。

大家要是感兴趣，我可以把它写在这里：

$$\nabla^2\psi+\frac{4\pi mi}{h}\psi-\frac{8\pi^2 m}{h}U\psi=0 \qquad (19)$$

这个方程中，函数 U 表示作用于粒子（质量为 m）的力势，对任何某种特定的力场分布，都可以用这个方程得到对于运动问题的确定的解。利用薛定谔的波动方程式，对原子世界的所有现象，物理学家们终于找到了满意的描述。

可能有人会感到奇怪，为什么我在谈论量子论的时候，没有使用人们总会使用的那个术语“矩阵”。坦白地说，我个人并不太喜欢它，所以，我只好避开它。但是，为了让大家仍然对这种数学方法有一定的了解，我还是愿意简单地说明下。前面已经看到，我们通常都是用某种连续的波函数来描述粒子或者复杂的力学系统中的运动的，它们大部分情况下都是很复杂的，可以被看成是很多简单的振动（即本征函数）组成的，就如同一个混杂的声音可以分解为很多简单的谐音一样。同样地，我们也可以用所有分量的振幅，来共同描述复杂系统的所有运动。由于分量的数量是无穷的，我们就会得出一个无穷长的振幅表：

$$\begin{matrix} q^{11} & q^{12} & q^{13} & \cdots \\ q^{21} & q^{22} & q^{23} & \cdots \\ q^{31} & q^{32} & q^{33} & \cdots \\ \cdots & \cdots & \cdots & \cdots \end{matrix}$$

这种表就被称为某一特定运动所对应的“矩阵”，而它们所对应的数学运算方法就会比较简单，所以很多物理学家都比较倾向于用这种方法来进行运算，而不是通过函数。我们可以清楚地看到，这种被理论物理学家们称为“矩阵力学”的方法，只是原来“波动力学”在数学中的另外一种表达方式，由于本次演讲是为了讲清楚量子论的原理，所以，有关数学的内容我们就不再进行讨论了。

时间的原因，这里我只好很惋惜地告诉大家，有关量子论与相对论结合后进一步的发现，这里就无法阐述了。而取得这个进展主要归功于英国物理学家狄拉克，他的研究工作为我们开辟出了新的路径，最终取得了很多重要的实验发现。可能以后我们还会再来探讨这些问题，不过现在，我的演讲就结束了。

# 第九章
# 量子丛林

闹钟的嗡嗡声准时响起，还在睡梦中的汤普金斯先生被吵醒了，他从床上坐了起来，发脾气般地将闹钟猛地关掉。想起今天是星期一和将要做的事情，他决定按照老习惯再睡上 10 分钟。

“该起床了！我们已经订好机票了，你忘记了吗？”教授站在他的床边催促着，手里拎着一个大行李箱。

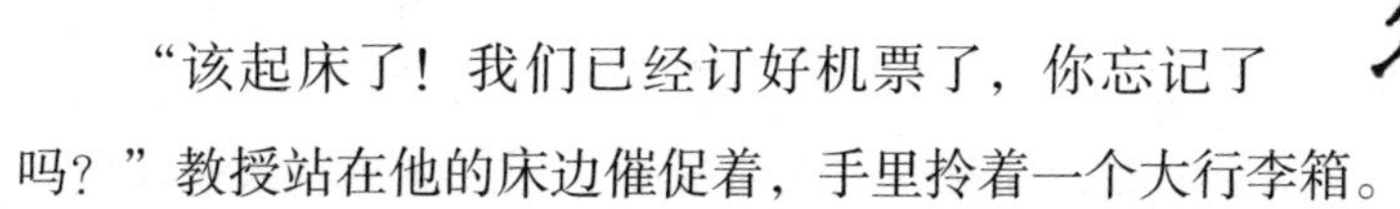

汤普金斯似乎还没有完全清醒，揉揉眼睛嘟囔着：“什么？你刚刚说什么？”

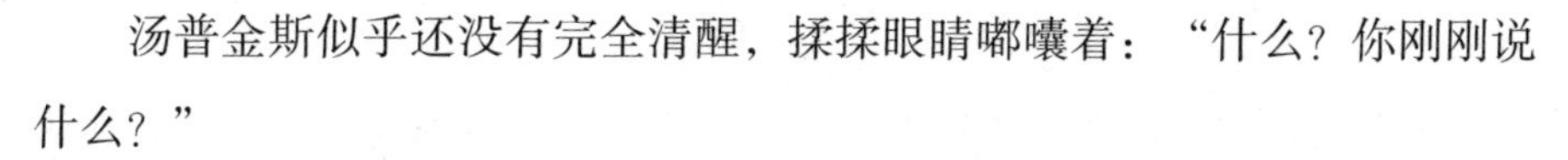

“我们的旅行啊！准确来说是去量子丛林中的旅行。别告诉我你已经忘了……台球房的那位老板透露给我，那些用来制作成台球的象牙是从哪里弄来的。”

“可是我并没有想去找什么象牙啊……”

教授似乎没有听到汤普金斯先生的话，将手伸到箱子的边袋，从里面拿出一张地图继续说道：“看到了吗？我已经将我们要去的区域标示了出来。那里的普朗克常数非常大，一切都要遵循量子规律。简直是一个奇特的地方，所以我们必须得去看看。”

飞机最后降落在了某个遥远的国度，汤普金斯先生感觉这次旅行实在没什么意思，尽管教授跟他说，他们的目的地是在一个靠近神秘量子区域的地方。

他跟教授说："我想我们应该在这个陌生的地方找一个导游。"但是很快他就发现，想要在一个人人都畏惧量子丛林的地方找到向导是件非常难的事。因为当地的土著人从来不会走进那个地方。好在终于有一个胆大的小伙子站了出来，他表示愿意带汤普金斯和教授去丛林冒险。

小伙子建议他们租一头大象。在看了一眼那头庞大的动物后，汤普金斯先生表示自己可骑不了它。

"骑马的话我也许还勉强可以，但是我可从来没有骑过大象，我真的不行！"说话间他看见有人正在贩卖毛驴，于是马上又说："这毛驴倒是跟我的身材很搭配，我想我可以骑着它去丛林。"

听到他这样说，年轻的向导禁不住哈哈大笑："你不是在开玩笑吧？那跟骑一头发怒的野马没什么区别，被摔下来都是轻的！"

"这个小伙子还真是懂得不少。"教授喃喃地说。

"我倒怀疑他跟那个出租大象的人串通好的，想要骗我们去租没用的东西。"

"但是他说的没错，我们的确需要一头大象。因为在这个地方，其他的动物都会像台球一样四处弥散的，根本没办法骑。并且就算是大象，我们也需要再给它加上一些有重量的东西，才能尽可能地让它的动量变大。当大象的动量变大时，它的波长将小到微不足道。之前我曾对你讲过，质量决定了位置和速度的测不准性。质量越大，其测不准性就越小。这也是为什么我们观察不到尘埃那样轻的物体中的量子规律。

虽然在量子丛林中，普朗克常数是一个非常大的数值，但也不足以让大象这样庞大的家伙产生惊人的反应。我们只有通过仔细检查大象的外形，才能够判断它位置的测不准性。因为测不准性会随着时间非常缓慢地增长。过来看看，有没有发现大象的外表似乎有些模糊？这应该就是量子丛林中老象的毛很长的原因了。"

在一番讨价还价后，教授付了租金。他和汤普金斯先生爬进固定在大象背上的筐子里，在年轻向导的带领下，这趟神秘的丛林之旅便开始了。

行进大约有一个小时的时间，汤普金斯发现已经来到了丛林的边缘，在进入丛林后，虽然能听到树叶被风吹响的声音，但却感受不到一丝的风。于是他问教授，这是怎么回事？

"因为我们在看着它们呢。"教授说。

汤普金斯喊了起来："难道因为我们看着它们，它们就害羞得沙沙作响吗？"

"那可不是问题的关键，关键在于，当我们在观察目标时，就总会对它们产生干扰。当你知道在量子丛林中，普朗克常数要大很多，并且这里的阳光量子所结成的光束也要比我们生活地方的光束大一些的话，你就会明白这里是怎样一个粗犷的世界了。说白了，如果你想在这里抚摸一只小猫的话，那只小猫要么没有什么感觉，要么就会被第一个'抚弄量子'折断脖子。"

他们继续在丛林间缓慢穿行，汤普金斯先生却沉浸在刚刚的话题里："那么，如果没有人看着它们呢？它们是不是就不会再发出响声了？"

教授想了一下回答说："谁知道呢？如果没有人看着它们，那么谁又能知道答案呢？"

"这样说来，这属于一个哲学问题喽？"

"至少在自然科学中，大家都遵循着一个最基本的原则，那就是不去空谈一些没办法用实验来证实的事情。所以，如果你高兴的话，也可以将它想成是哲学问题。因为在哲学体系中，就不会有这种限制，情况可能就不太一样了。就像德国的哲学家康德，他花了很多精力和时间去思考关于物质性质的问题，但是所考虑的只能是物质'自在'性的问题，而并非是物质所'呈现出来'的性质。但是对于现代的物理学家们来说，只有那些如位置或动量（即可观察量）这样的具体测量结果才具有意义。"

教授正解释着，突然从空中传来一阵嗡嗡的噪音。大家抬头看时才发现是一只看起来异常凶恶的大苍蝇。导游马上说：“快把头低下来！”教授和汤普金斯先生马上照做了，但是导游自己却拿出了一个苍蝇拍，用力攻击起那只大苍蝇。在激战中，苍蝇先是变成了模糊的一团，接着又变成了一片朦胧的云状物，然后将大象和大象上的人都包围起来。只见那个导游小伙子选择了密度最大的地方用力打了过去。“太好了！打到了！”导游的话音刚落，那片云就消失了。汤普金斯看到昆虫的尸体在空中划出一条弧线飞走了，最后不知落到丛林的哪个地方去了。

被昆虫概率云包围

**打着了，他成功地完成了最后一拍！**

“干得好！”教授欢呼着，导游也很得意地笑了。

“我还是没弄明白这一切到底是怎么回事！”汤普金斯先生很不满意自己现在的困惑。

“这理解起来并没有多大的困难，因为昆虫的质量非常轻，所以在这里它们的位置就会随着时间变化而变得难以捉摸。最后包围我们的其实就是被叫作‘昆虫概率云’的东西。那个时候我们就很难找到它们具体在哪里了。我们的导游之所以能打中它，也是选择了概率云密度最大的地方。那里也的确更容易找到它们。要知道，在这个量子的世界中，任何人都无法进行瞄准这件事。”

经过这场小小的波折，他们的旅行重新开始了。

“在正常的世界里，这样的事情却只有在非常小的尺度上才可以被发现。电子围绕电子核时的表现，倒是跟刚才的情况十分相似。但电子绝不会像该打的昆虫那样被光子击中。当你将一束光照射到原子上时，大多数的光子会马上穿过原子，而不会产生任何的效应。‘或许会有一个光子有机会能射中靶心，’我们最多也只能做那样的期望了。”

听到这里，汤普金斯先生也有了他自己的结论：“是不是就像在量子世界中，可怜的小猫因为别人的抚摸而断了脖子一样？”

说话间，他们发现已经出了树林，来到一个较高的平台上面，放眼望去，眼前是一片被树林分成两半的平原。

“看，那边有一大群羚羊！”教授激动地说，同时用手指着那行树边的一群正在吃草的羚羊。

汤普金斯先生可无心关注什么羚羊，因为他在另一行树的旁边看到了三只母狮子，接着又有几群母狮子出现。正看得入神，那些母狮子统统站了起来，它们竟然排成一列，并且每群之间有着相等的距离，然后一齐跑开了。

“多么奇怪的景象啊！”这让汤普金斯先生想起老家地铁站台上经常发生的事情。有些人凭经验而知道每个车门将停在什么位置。如果在车门打开的瞬间，你没能站在门口的位置上，就很难找到座位。因此，像汤普金斯

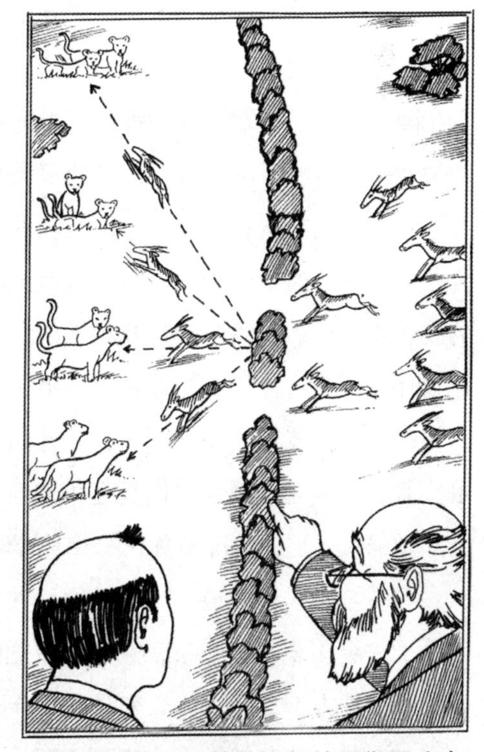

它们直对着正在等待它们的母狮子跑去

这样富有经验的人，总是会聚集成一个小小的群体，按照车门之间的间隔，平均分布在站台上。想到这里汤普金斯继续观察那些母狮子，发现它们都在从那行树中两个狭窄的缺口处向外热切地望着。还没等他反应过来，那行树右边的羚羊们就已经骚乱起来。原来有一头母狮子突然朝它们发起了攻击。让汤普金斯先生吃惊的是，羚羊们并不是四散逃走，也不是集体出逃，而是排成了几行，朝着缺口处跑了过去，最后在迎向狮子的方向继续奔跑。

“想当敢死队吗？这样做是没有意义的。”汤普金斯先生喊道。

果然，当敢死队赶到狮子面前时，立刻受到了攻击并被吃掉。

“别着急，它们是一定会那样做的，这就是杨氏的双光缝。”

汤普金斯沉浸在悲痛中，没能听清楚教授的话：“谁的双什么？”

“这怨我，不该又说术语。它其实就是一种实验。一种将光束照射到障碍物的两个狭缝上的实验。在实验中，如果光束是由粒子所组成的，就会在障碍物的另一端出现同样的两个光束，并且每一束都同狭缝相对应；如果光束是由波所组成的，那么狭缝就会起到波峰的作用，将波发出并扩散开，最后又会重叠起来。这两组波的波谷与波峰也会彼此干涉，互相混合起来。在波列不同步的方向上，就会出现一个波列的波峰跟另一个波列的波谷相叠加的现象，产生互相抵消的结果。抵消后，这些方向上也就不存在什么了。这种情况被称作‘相消干涉’。在另一个方向上，则是相反的情况，两个波列会完全同步，并且两个波列的波峰会叠加在一起、波谷也会叠加在一起。因为它们是互相加强的关系，所以传到这些方向的波就会非常强大，这种情况被称作‘相长干涉’。

汤普金斯先生问道：“就是说，在发生相长干涉的地方，也就是在狭缝后面，会出现一些光束，它们是彼此隔开的。而它们之间，那些发生相消干涉的地方，最后就什么东西也没有了。是这样吗？”

“是的，当狭缝后会出现不止两个光束的时候，证明所碰到的并不是粒子而是光。每个光束之间的间隔都是一样的，并且两个狭缝之间的距离和原始光束的波长决定了每个光束之间所形成的角度。这个实验就是我所说的‘杨氏双缝实验’。”教授朝着下面的那场大屠杀比画了一下，继续说，“从现在的这个版本里可以看到，羚羊也具备了波的性质。”

汤普金斯先生希望能彻底弄个明白：“我不明白的是，具备波的性质又怎么样呢？羚羊们为什么会傻到做出自杀的行为呢？”

“因为它们没有其他的选择啊，这个地势的干涉图样，决定了它们该去哪里。我们没办法左右下面任何一只羚羊的去向。我们能预言的，只能是它们朝着哪个方向跑的概率更大一些。但是，当羚羊成群出现的时候，它们就只有一个选择了：就是穿越过那两个缺口，生死有命！可惜它们面对的是一群非常有经验的狮子，它们通过对羚羊平均体重和速度的计算，预知了羚羊的波长和动量。并且这群狮子还通过两个缺口之间的距离，计算出最佳的狩猎地点，所以羚羊们只能自投罗网了。”

“狮子们竟然会精通计算？”汤普金斯不敢相信这样的事情。

教授笑道：“我想并不是这样的，它们的水平甚至比不上懂得如何计算抛物线的孩子。这大概只能归纳为狮子们与生俱来的判断力了。”

当他们想对狮子和羚羊们再次进行观察的时候，发现最初那头将羚羊群吓跑的母狮子已经回归到队伍中分享美食了。

教授于是说道：“好好观察它，有没有发现它在穿越缺口时的速度是多么的缓慢？它显然知道，自己的质量比羚羊大很多，只有放慢速度，才可以具有和羚羊一样的波长。如此一来，它才能保证自己和那些羚羊一样被衍射到同一个方向上去，从而分享到一份美食。多么奇妙啊！研究进化论的那些生物学家们，还不如多花点时间到野外来，研究下这里种种奇异的行为……”

教授的话又被一阵嗡嗡声所打断。

导游喊道：“注意！又有一只虫子来攻击我们啦！”

听到导游的话，汤普金斯赶忙将衣服拉起来护住头部……但那并不是他的衣服，却是他所盖的被子，那嗡嗡的噪音，也并不是昆虫发出来的，而是闹钟的声响。

汤普金斯先生被闹钟吵醒

# 第十章
# 麦克斯韦妖精

几个月以来，汤普金斯先生与慕德经常一起结伴参观美术馆与画廊，其间他们对各种展览与画作进行了赏析，汤普金斯先生还竭尽所能想要把自己刚学到的量子力学的知识讲给慕德听。由于工作的原因，汤普金斯先生对计算较为在行，在慕德与商人和美术馆打交道的过程中，他提供了很有帮助的意见。

终于，水到渠成，汤普金斯先生向慕德求婚，并且得到了他想要的答案。他们决定把居住地仍设在诺顿庄园，这样一来，慕德就不必抛弃她的绘画事业了。

某个周六上午，他们一同等待教授来共进午餐，其间，慕德在沙发上发现了最新一期的《新科学家》并饶有兴致地读了起来，而汤普金斯先生则在餐桌旁规整画室的税务单。在整理大量美术品的发票的时候，汤普金斯先生开玩笑地说："以我美丽妻子这绘画的微薄收入，我是别想着可以提前退休了。"

"哼，你的收入也好不到哪里去！"慕德回敬道。

汤普金斯先生长叹口气，把单据收了起来，然后找了张报纸坐在了慕德旁边。翻阅报纸的时候，写在报纸副刊彩页上的一篇关于赌博的报道顿时勾起了他的兴趣。

"哈！"半晌之后，汤普金斯先生兴奋地说道，"我想我找到了一种赌博只赢不输的方法！"

“真的吗？”慕德毫不上心，仍然低头读着杂志，但还是无意地问了一句，“报纸上有介绍？”

“是的。”

“如果报纸上这么写，那极有可能就是真的了。”慕德将信将疑地说。

“绝对是真的，不信你来看。”汤普金斯说着把文章指给了慕德，“我不知道这种说法是不是真的管用，但它的确是以数学的方法为基础的，我并没有看出其中有什么不妥的地方。读者需要做的，只是在纸上写下 1，2，3 这几个数字，然后按照文章所介绍的规则行事就可以了。”

稳赢不输的赌博技巧

“好吧，那我们就来试着验证下吧，”汤普金斯先生的介绍让慕德提起了兴趣，“那么，规则是什么呢？”

“那就以文章实例的那个例子开始吧，这可能是了解这些规则最好的方法了。文章里说，他们玩的游戏是轮盘赌。此时，你可以把钱押在红色的格子或者黑色的格子上，就好比猜硬币正、反面那样。好了，现在我写下 1，2，3，按照规则，我下的赌注要一直等于这个数列首尾两个数的和。那么，此时我应该押 1 与 3 的和，也就是 4 个筹码，并且可以假设把它们压在了红色的格子上。假如我赢了，那我就可以去掉 1 和 3 这两个数，然后下一次要押的赌注就是 2；假如我输了，那我就得把输的数添加在数列的末尾，然后以相同的方法来确定下次押注的额度。比如此时，我们发现球最终停在了黑色的格子里，那我就输了，赌场的庄家就要收走我的 4 个筹码了。这样，我就会列出一个新的数列：1，2，3，4。那么，我下次要押的赌注额度就是 1 加 4，也就是 5 个筹码。要是这次下注我仍然输了，那么根据文章的介绍，我就得按照同样的方法继续进行下去，此时得把 5 添加到数列的末尾了，那我再次下注就要下 6 个筹码了。”

“这次你总得要赢了吧！”慕德激动地说，“你总不会一直输，一把都不赢吧！”

“没有关系，”汤普金斯先生坦然地说，“小时候和小伙伴们玩猜硬币的游戏，有次竟然连续出了 10 次正面，我一直都在输。但是，我们还是按照文章介绍的那样，假设这次我赢了，那么，我就可以赢得 12 个筹码了，不过和我原来下的总赌注相比，我还是输了 3 个筹码。此时，根据文章的规则，我就要抹去 1 与 5 两个数字，然后数列就会变成：~~1~~，2，3，4，~~5~~。我下次应该押的赌注是 2 与 4 的和，也就是 6 个筹码。”

“根据文章里的例子，这一局你又输了，”慕德叹息道，她的目光放在了文章上，“也就是说，这次你得把6这个数字添加到数列的末尾，然后下次下注的额度就是2与6的和，也就是8个筹码，对吗？”

“没错，你说得太对了。不过这次我仍旧是输，那数列就会变成：~~1~~，2，3，4，~~5~~，6，8。因此，下一次我就得下注10个筹码了。好了，接下来是赢了，那我就要把2与8两个数字抹掉，接下来一局要下的赌注就是3与6的和，也就是9个筹码。接下来，我又输了。”

“这个举例也太气人了，”慕德嘟哝着说，“现在，你已经输了5次了，才赢了2次，这也太让人难过了。”

“没关系的，别担心，”汤普金斯先生神秘地说，“等这个回合完了的时候，我们就一定会赢钱了。上一局我输了9个筹码，那我就得把它添加到数列的末尾，此时数列就是：~~1~~，2，3，4，~~5~~，6，~~8~~，9。这次我要押12个筹码了。哈，这局我赢了，那我就要把数字3和9抹去了，然后用4与6的和，也就是10个筹码来下注了。结果这局我又赢了，那么，这一循环就结束了，此时数列所有的数都被我抹去了。这样，虽然我只赢了4次，输了5次，但还是纯赢6个筹码！”

“这真的可行吗？”慕德仍然很怀疑。

“完全可行，你看，这种赌博方法的规定就是这样的，只要完成了一个循环，我一定会赢到6个筹码。用算术来验证也毫无问题，所以我认为，就是一种很合乎数学逻辑的赌博方法，它是不会错的。你要是还不信，就取纸笔算下看。”

“好吧，我信你了，这确实可以让你稳赢，”慕德善解人意地说，“但是，只赢6个筹码也太少了吧。”

“但是，假如可以保证在完成一个循环后都能净赢6个筹码的话，那你就可以通过不断的重复，每次都以1、2、3为开始，最后积累起来，也就可以大赚一笔了啊。”

“这真是太妙了！”慕德高兴地说，“要是这么重复下去，你就可以提前退休了。”

“不过我们得快点赶去蒙特卡洛了，一定有很多人读过了这篇文章，要是他们赶在了我们前面，把赌场一家家都赢得破产了，那我们就白高兴了。”

“对对，”慕德兴奋地说，“我这就去给航空公司打电话，问下他们最近的航班是什么时候。”

“你们这么慌忙是在干吗？”走廊里传来了一个熟悉的声音，慕德的父亲，老教授到了，他好奇地问这对表现得极为欣喜的夫妻。

“我们要乘坐最近的班机赶去蒙特卡洛了，等回来的时候，我们就成富翁了！”汤普金斯先生起身迎接教授说。

“哦，那我明白了，”教授微微笑了一下，在壁炉旁柔软的沙发上坐了下来，“你们是不是也找了一种新的赌博技巧？”

“是啊，这次可是准会赢的！”慕德和教授强调说，手已经在开始拨号了。

“没错，”汤普金斯先生也附和道，他还把写着文章的报纸递给了教授。

“真的能行吗？”教授微笑着说，“我们还是再来研究下这篇文章吧。”教授快速地浏览了那篇文章，然后总结说，“这种下注的方法中心思路就是每次输了之后，就要加大筹码，当赢了之后，就减小筹码。如此进行下去，如果你是很有规律地胜负交替，那你的筹码也就会不断起伏，但是因为每次增加的筹码都比减小的筹码稍多一些，那迟早你就会累积筹码，获得丰厚的收益。但是，这种规律性输赢的情况是并不存在的。实际上，这种情况发生的概率，与你接连不断获胜的概率同样的微小。那我就来看看，假如你连胜或者连败几次，会产生什么样的后果。假如你走了赌徒们万般渴望的红运，那按照这个规则，每次赢钱之后就要减少或者不再增加自己的赌注，那你最终赢得的筹码就不会太多。但按照规则，如果你每次都输钱，那就要增加自己的筹码，也可以这样想，当你走了霉运，那就会对你产生灾难性的打击，让你输得身无分文。现在你可以看到，描述你赌本变化的曲线有几个部分是缓慢上升的，而其中也存在一些急剧下滑的部分。刚开始赌博时，你可能会处于曲线缓慢上升的那部分，细心的你会发现，自己口袋里的钱在缓慢地增加，这会让你感觉良好。但是，当你沉迷了进去，想要赢到更多的钱，某次就会进入急剧下降的部分，而下降的程度，可能会让你丧失所有的赌本，赔得一干二净。我们用很简单的办法就能证明，无论是这种所谓包赢不输的赌博方法，或者是其他任何一种赌博方法，曲线上升一倍的概率与它降低为零的概率是相等的。也可以理解为，你最终赢钱的概率，与你一次性地把钱全押在红色格子或者黑色格子上，让赌本翻倍或者全部输掉的机会，是刚好相等的。而这些赌博方法所能做的，就是延长你的赌博时间，让你沉迷于这个游戏中罢了。但如果你追究的就是最终那个效果，那大可不必如此麻烦。你知道的，有种赌具的轮盘上共有 36 个数字，你大可以每次都在 35 个上下注，而另外一个不下注。这样一来，你赢的概率就是 35/36。每次获胜，除了你下注的 35 个筹码之外，赌场还得再额外给你一个筹码。我们假设轮盘每旋转 36 次，就平均有一次停在你没下注的那个数字上，这样，你下注的 35 个筹码就都输了。按这种方法一直赌，只要你赌博的时间足够长，表示你赌博起伏的曲线就与报纸文章得到的曲线完全一样了。

“当然，刚才我说的方法还没包括赌场设定空门通吃那个格子。实际上，我们常见的轮盘赌具上，都没有设置‘0’这一格，或者有时设置两格，这是给赌场设置的彩头，对赌徒而言非常不利。因此，无论赌徒用什么样的赌博策略，他们的钱总是会落入赌场的口袋里。”

“你的意思是，”汤普金斯先生沮丧地说，“压根儿就没有绝对赌赢的办法，赌钱一定要承受输钱的风险？”

# 第十章　麦克斯韦妖精

“正是如此，”教授说，“而且刚才我阐述的理论不仅适用于赌博这种问题，还适用于很多看起来并不明显的与概率论相关的物理现象。题外说句，要是你真的设计出了突破概率论的系统，那可以做的事情就不只赌博赢些小钱这么简单了。那时候，你就可以制造出不用汽油就可以飞驰的汽车，建造出不用燃料就能运转的工厂，甚至其他一些令人匪夷所思的东西。”

“我好像在某篇文章中读到过关于这些奇异机器的内容，哦，我想起来了，它们被称为永动机！”汤普金斯先生叫了出来，“要是没记错的话，这种无需燃料就能发动的机器，现在已经被证明是无法实现的，因为任谁都无法凭空产出能量。但是，这与赌博又有什么联系吗？”

“你说得太对了孩子，”教授赞赏地点点头，他很欣慰能把汤普金斯先生的注意从赌博上转移出来，来到自己喜欢的物理学的世界中，“人们把这类永动机称为‘第一类’永动机，它是无法实现的，因为它的存在违背了能量守恒定律。不过我刚才所说的不烧燃料就可以运作的机器是另外一种类型，人们称之为‘第二类永动机’。人们最初构想这类永动机，动机可并不是无中生有的产生能量，而是想要通过它们，从大地、海水与空气这些巨大的能量库中提取出能量。你可以想象这样一艘轮船，它的锅炉并不是靠着燃料运作，而是靠着从经过的海水中提取的能量。实际上，要真的可以驱使热量从较冷的物体上运转到较热的物体上，那根本无须我们现在使用的方法，完全可以制造出一种机器，它能把海水抽进来，然后吸取海水中的热能，并把剩余的冰块排回海里。1 升冷水凝结为冰时释放的热量，足以把另外 1 升冷水加热到沸腾。如果真的存在这样工作的机器，那世上所有的人就会像你说的包输不赢的赌博方法那样，过上无须劳动的安逸日子了。但很遗憾，这都是无法实现的，并且它们同样也违背了概率定律。”

“对那种从海水中获取热量供给轮船运行的想法，我也觉得是非常荒唐的，但这又与概率定律存在什么联系呢？你可没有说是不是要用骰子或者轮盘，来充当这种不消耗燃料的机器的运作部件啊。”

“我当然不会有这样的想法啊！”教授笑着说，“我可以不认为哪个想要发明永动机的发明家会有这样的想法，即使他神经错乱了。我想说的是，就热过程的本质而言，它与投骰子很相似。想热量从较冷的物体上运转到较热的物体上，就如同要从赌场的钱柜里赢出金钱来一样。”

“你的意思是，赌场的钱是冷的，而我的钱是热的？”汤普金斯先生困惑地问道。

“从某种意义上来说，的确如此，”教授接着说，“如果你没有错过上周我的演讲的话，你就知道了，热的本质不过是无数构成一切物质的原子和分子这些粒子，由于不规则的快速运动所产生的。而这种粒子运动得越迅猛，那物体也就会表现得越热。由于这些粒子的运动极不规则，那就会遵守概率定律。可以轻易证明，在一个由大量粒子构成的系统中，最终可能形成的状态，一定是所有用的总能量在粒子间大致呈均匀分布的状态。如果物体一部分受了热，换句话说，这个部分的分子运动得更加活跃，那可以想到，这些额外获得的能量或通过大量随机的碰撞，传递给周围的粒子。不过，由于碰撞是随机发生的，那就有一种极其微小的可能性，会出现这样一种状况，那就是某组粒子可能会毁灭了其他的粒子，从而多得到一些能量。这样一来，热能就会自发地聚集在物体的某一特定区域，这就如同发生了热量逆着温度梯度的流动，理论上来说，这种可能性并不是不存在，但如果去计算这种情况发生的概率的话，那实际得出的结果是极度微小的，也可以认为，它是根本不会发生的。”

“哦，这下我明白了，”汤普金斯先生高兴地说，“你的意思是，第二类永动机也有概率工作，但是这个概率极其微小，就好比连着扔 100 个骰子，所有的都是 6 朝上那么小。”

“可要比这小得多呢，”教授说，“实际上，想在与自然的赌局中获胜，我们赢的概率是那么渺茫，甚至你都难以用合适的词来描述这个程度。比如，我们可以算出这个屋子里所有空气全部集中在桌子下面，而其他的地方变为绝对真空的概率是多少。此时，要考虑到的一次性投出的骰子数就是这个房间里所有分子数目的和。所以首先，我们得知道这个屋子里一共有多少个分子。我们知道，在标准大气压下，一立方厘米的空气包含的分子数长度有 20 位数，所以这间房子里空气分子的数目大约是个 27 位的数。而桌子下的空间大约可以占整间房子的 1/100，也就是说，任意某个分子处于桌子下面而不是其他地方的概率是 1/100。那要算出所有分子都处在桌子下的概率，我就得用 1/100 乘以 1/100，然后接着乘以 1/100，这样一直连续地相乘，直到囊括了房间里所有的分子。最终我得到的结果，是一个在小数点后有 54 个零的极其小的数。”

“啊！”汤普金斯先生长叹一声，“我肯定是不会把赌注下在如此渺茫的机会中了！但这岂不是说，并不是均匀分布的情况就毫无发生的可能性了吗？”

“的确是这样的，”教授赞同说，“你完全可以认为，我们绝不会因为空气突然聚集在某处而窒息。也正因为这个道理，你杯中的美酒才不会自动沸腾。不过，当我们考察的范围比较小的时候，那所含有的分子（骰子）数就会少很多，这种情况下，偏离统计分布的可能性就会大很多。要是把这种极少的数字放在我们这个房间里，那就是说，这些数目不大的分子会经常性地自发聚集在某处，空气整体表现出短暂的不均匀性，这也就是我们所说的密度的统计涨落。当阳光穿过地球大气层的时候，正是由于这种密度的涨落，导致光谱中的蓝光会发生散射，从而使得我们的天空呈现出一片蔚蓝。要是没有这种密度涨落的效应，那天空看起来就永远都是漆黑一片。那个时候，就算是在正午，宇宙中的星辰都可以清楚地看到。

还有，当液体的温度上升到邻近沸点的时候，它们看起来是乳白色的，这也同样是由分子运动的不规则性所产生的密度涨落所造成的。不过，我说的这些涨落是不会在大尺度上大规模发生的，我们几十亿年都不会遇到哪怕一次。”

“不过就算此刻，在这个房间里，这种机会渺茫的情况仍然也存在发生的可能性，对吗？”汤普金斯先生执拗地问道。

“当然，的确如此，没有人会反驳说，一碗汤存在由于其一半分子突然得到了同一方向上的热速度，而导致整碗汤全翻掉的可能性。”

“昨天我还遇到过呢！”慕德插嘴说，此时她看完了手中的杂志，也产生了讨论的兴趣，“昨天汤自己洒出来了，而保姆说她根本就没碰到桌子。”

教授笑了起来：“会有这么巧的事情发生吗？”他继续说，“我猜，要对这件事情负责的人，一定是这位保姆，而不是麦克斯韦的妖精。”

“麦克斯韦的妖精？”汤普金斯先生好奇地重复道，“我还以为科学家们并不相信怪力乱神呢。”

“但是，我们所说的并不是同一个概念，”教授解释说，“麦克斯韦是位很著名的物理学家，这个名词就是他先使用的。他之所以采用统计学妖精这种说法，是为了使描述更加形象化。在一场辩论中，他用这个概念对热现象进行了阐述。麦克斯韦把这个妖精比作了一位身手矫捷的年轻人，他可以按照你的指令任意改变每个分子的动向。如果这样的妖精真的存在，那热量就可以从较冷的物体自发地传递到较热的物体上了，这就让熵恒增加这一热力学基本定律一无是处了。”

“熵？”汤普金斯先生问，“我上次听到这个名词还是在同事举行的聚会中，喝过酒之后，几位化学专业的学生就伴着流行歌曲的音乐，自己填词唱了起来：

增加，减少，

增加，减少，

我们想要熵怎样，

是让它增还是减？

但是，熵究竟是什么呢？”

“解释‘熵’并不难，它就是个术语，用来描述任何特定物体或者物理系统中，分子运动的无序程度。分子之间无规则的经常发生的碰撞，总会使得熵趋向于增大，因为任何的统计系统最大概率的真实状态就是绝对的无序。但是，倘若麦克斯韦的妖精真的存在，那在它的干预下，分子的运动最终会表现出遵循某种秩序，就如同一只专业牧羊犬总会让羊群聚集起来，然后按照既定的路线一同前进。这样一来，熵就会开始减小。还有我得告诉你，根据 H 定理，波尔兹曼还在科学中引申了……”

很显然，教授完全忘记了眼前听他论述的人在物理学方面的建树甚至还没有达到大学生的水准，在接下去的论述中，他使用了很多诸如“广义参数”“准各态经历系统”这些极为专业的术语，而且还很满意地以为自己把热力学基本定律与吉布斯统计力学的关系讲得足够通俗易懂了。对于教授这种论述方式，汤普金斯先生已经习以为常了，但他又不好意思去打断教授的谈话，只好一边用杯中的威士忌酒来麻醉自己的神经，一边又装作很专注而且爱听的样子。而教授所讲的统计物理学的精妙知识对慕德而言显然也是极为艰深的，她干脆蜷缩在了沙发上，同时眼睛又艰难地保持张开的状态，最终，她忍受不住了，只好以看厨房饭菜是否熟了为借口，慌忙地出去了。

“你需要什么吗？”当她走进厨房的时候，一个穿着得体的厨师有礼貌地问道。

“我什么都不需要，只想在这里帮忙。”她说，心里却很奇怪，厨房这个人是从哪里来的，因为以他们夫妻的收入，肯定是雇不起厨师的。这个厨师长得又高又消瘦，皮肤是橄榄色的，并且鼻子出奇地长，还很尖，双眼似乎冒着绿色的火焰。尤其使得慕德心悸的是，那个人藏在头发后的额头上竟然无意间显露出两个对称的肉瘤。

“可能我是在做梦，”她安慰自己，“要不就是美菲斯特本人从歌剧院里溜了出来。”

“是我丈夫聘请的你吗？”她大声地问，因为她觉得总要说些什么来打破僵局。

“并不是，”这个奇怪的厨师答道，还很有艺术感地敲了下餐桌，“实际上，是我自己来的，我是想要向你值得尊敬的父亲证明，我并不是他所想象的那样，是个纯虚构的人物。请允许我做个自我介绍，我就是麦克斯韦的妖精。”

“什么？”慕德长舒了一口气，“你的行为可不像是那种会害人的妖精。”

“当然不会啊，”妖精毫不介意地笑着说，“不过我倒是很喜欢开玩笑，现在我就要和你父亲开一个。”

“你要干吗？”慕德警惕地问，她心中仍旧惴惴不安。

“我就是想和他展示下，如果让我来处理，熵恒增加定律绝对会彻底坍塌。如果你也想看看的话，就和我一起来吧，我向你保证，绝对没有任何危险。”

妖精刚说完，慕德就感觉手头一紧，她的手臂被牢牢地抓住了，与此同时，周围一切的物体都变得诡异起来。厨房里她所熟悉的所有物体都以极为夸张的速度在变大，她扭头看了眼背后的椅子，它已经大到遮住了整个地平线。当一切趋于稳定，她发现自己正被妖精挽着漂浮于空中。很多模糊的如网球大小的球，正朝着他们快速地飞来，不过，麦克斯韦的妖精用巧妙的方法化解了被撞上的危机。慕德向下面望去，看到一个形似渔船的物体，里面似乎装满了颤动的，还发出荧荧光芒的小鱼。但其实它们并不是鱼，而是与四周掠过的模糊小球极为相似的东西。当妖精带着她来到近旁时，她看到周围就如同是粗粉粥一样的海洋。这个海洋还不断地涌动着，其中有些小球会上升到海洋表面，也有些球会下沉到海面下。不时地会有一些球以很快的速度冲出海面，甚至飞向空中，而也有时会有些球从空中急速下坠进海里，融入这无数个小球的海洋。经过自己的观察，慕德又有了新的发现，在这个犹如粥的海洋里，其实存在两种不同的球。如果说其中大部分看起来形如网球，那其中较大也较长的另外一种，看起来就更像是美式橄榄球。不过，所有的球都是半透明的，而且内部好像存在一种极为复杂又难以描述的结构。

“这是哪里？”慕德惊慌地说，“难道这就是地狱的样子吗？”

“不啊，”妖精微笑着说，“不要想得太多，我们这只是在细致地对威士忌液体表面很小的一部分进行观察而已。在你父亲论述准各态经历系统这些深奥的内容时，你的丈夫之所以没有睡着，就是这种饮品的功劳。你看到的那些全都是分子。那种圆球是水分子，而那种形似美式橄榄球的东西是乙醇分子。如果你仔细地计算下两种球所占的比例，你就会知道，你丈夫所调制的饮料有多高的烈度了。”

“这倒是很有趣，”慕德一副严肃的表情，“不过，上面还有些成对的，看起来就像是一起玩水的鲸鱼一样的东西是什么啊？总不会是鲸鱼原子吧。”

麦克斯韦妖精顺着慕德指着的方向看，然后回道：“不，那不是鲸鱼。”他接着说，“它们其实是煮熟了的大麦碎片，威士忌之所以有独特的味道就是它们的功劳。这些块状碎片的构成包括数百万甚至数千万个复杂的有机分子，因此它们看起来就比较大，也会比较重。你看，它们总是在来回地扭动，这就是因为受到了因为热运动而变得异常活跃的水分子与乙醇分子的撞击才发生的。正是对这些大小适中的粒子的研究，才让科学家们对分子运动理论得出了直接的证明，因为它们的体积的大小刚好可以感受到分子运动显著的影响，又足以用高倍显微镜进行观察。通过对这种悬浮在液体中的微小粒子的塔兰台拉舞（也就是布朗运动）强度所进行的观测，物理学家们就可以最直观地获得分子运动的真实情况。”

紧接着，麦克斯韦妖精带她来到了一堵巨大的墙前，这面墙是由无数的水分子如同用砖砌房那样，紧密而且整齐地排列堆砌起来的。

“这太壮观了！”慕德忍不住赞叹道，“我正想用这样的图景来做我肖像画的背景呢，这座宏伟的建筑又是什么呢？”

“啊哈，这是冰晶体的一小部分，就是添加在你丈夫酒杯里那种小冰块，”妖精滑稽地说，“你要是不介意的话，我就要和这位博学的教授开个玩笑了。”

紧接着，麦克斯韦的妖精把慕德安置在了冰晶体的旁边，然后自己开始了行动。他取出一个如同网球拍那样的工具，开始快速地持续拍打四周的分子。每一次挥舞工具，总可以精确地打在运行方向错误的分子上，最终使得它们都按照自己的想法运动。尽管慕德看得心惊肉跳，但仍不禁为麦克斯韦妖精高超的技艺所折服，每当他以一个刁钻的角度拍击，让那种运动极快而且难以击中的分子折返回去，慕德都忍不住为他喝彩。与他的技术相比，那些网球冠军的水平简直是低劣到了极点。仅用了几分钟，麦克斯韦妖精的工作已经产生了显著的效果。此时，尽管液体表面覆盖的分子很不活跃，运动比较缓慢，但慕德附近的分子却开始剧烈地运动了起来。液体蒸发这个过程中，从表面飞出的分子开始迅猛地增多。此时，成千上万的分子开始结伴逃跑，看起来就像有个大水泡向空中飞去。由于这些水蒸气云雾的遮挡，慕德只能间或看到麦克斯韦妖精在分子中挥舞球拍。某一刻，他突然出现在了慕德身边。

“快，我们得走了，不然会被烫死的！”

说着，慕德的臂膀又被他抓住了，他带着她跃入空中。这时，慕德发现自己已经来到了房间的上空，她向下看，教授正在地面上舞动着。

# 第十章　麦克斯韦妖精

“这令人震惊的熵啊！”教授喊道，汤普金斯先生的那杯酒让他倍感困惑，“威士忌自己沸腾了！”从酒杯正升腾出的气泡就像一朵云彩一样遮住了整个酒杯。但奇怪的是，只在饮料一块冰块附近发生了沸腾，而其他的地方仍旧是冰冷的。

“这真的是太难以想象了，”教授有些恐惧地颤抖着说，“我正给你讲熵定律中的密度涨落，而这里就真的出现了一次！这种现象发生的机会小到难以想象，这可能是地球从古至今唯一的一次，恐怕就算再过几十亿年，也再不会有人有机会看到这种现象了。”这样一说，教授就慢慢地平静了下来，随后他长舒了一口气，“我们也太幸运了吧。”

就在慕德从空中向下观望的时候，升腾而起的蒸汽云包裹住了她。她顿时失去了视野，感觉周围很热，而且憋闷得她难以呼吸。于是她挣扎着想要摆脱这种情况。

我们这是在地狱吗?

“你怎么了，还好吗？”汤普金斯先生小心翼翼地摇了摇她的肩膀，“你看着好像呼吸不顺畅。”

慕德终于醒了过来，她把帽子从脸上拿开，知道自己是做了一个梦，此时太阳正缓缓下落。

“不好意思，”她难为情地说，“我肯定是睡过去了。”

她突然想起了朋友的话，“结婚的夫妻会越来越趋于相

威士忌沸腾了

似。”但她可不认为自己会像汤普金斯先生那样，喜欢做些奇奇怪怪的梦。不过如果真的存在麦克斯韦的妖精，她一定会拜托他把屋子收拾得干干净净。

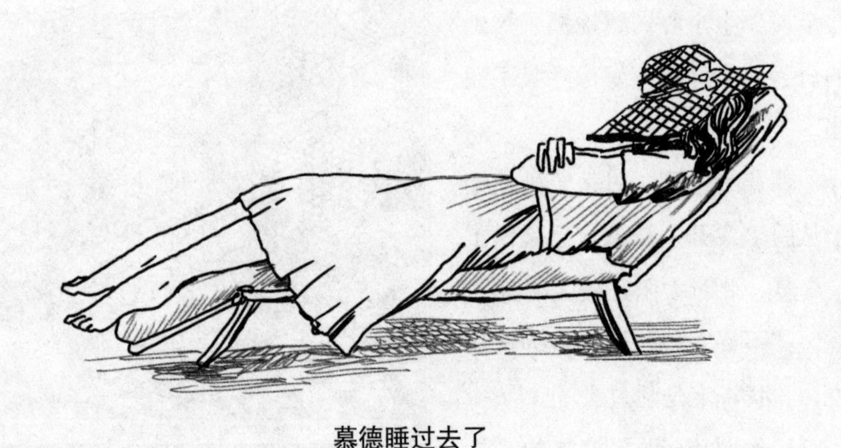

慕德睡过去了

# 第十一章（上）
# 快乐的电子部族

几天以后，吃完晚饭的汤普金斯先生决定在家里度过一个舒服的夜晚。他并非忘记了应该在当晚去听一场教授的有关原子结构的演讲。但是在厌倦了岳父大人那没完没了的演讲后，他还是决定拿起一本书然后坐下来。不料慕德在看了眼时钟后，坚定而温柔地提醒他，该动身去听演讲了。就这样，过了大概半个小时后，汤普金斯又坐到了演讲厅的木头板凳上，将和一群渴望收获知识的年轻人一起翱翔于由原子构成的海洋里。

教授走了出来，从他的老花镜中庄重地看着观众说道："尊敬的女士们、先生们，上次演讲中，我答应过大家会详细地讲讲原子内部的结构，以及这种结构特点对于原子的化学性质和物理性质的作用。你们已经知道了，原子并不是物质最基本、无法再拆分的组成部分。而电子这些小得多的粒子才是这个角色的扮演者。

"公元前4世纪，一位古希腊的哲学家德谟克利特，宣布了将粒子看作是物体可分性的最后一级的想法。他在思考物体隐蔽的本性时，就遇到了关于物质结构的问题。他不得不思考：物质到底可不可以被无限分成更小的组成部分？由于当时的条件限制，人们主要是靠思维方式来解决问题。德谟克利特也不例外，他只有到自己的思想深处去试图寻找答案。经过一些哲学上的思考，他总结说，关于'物质可以被无限制地分成越来越小的部分’的观点，是不可思议的，必须要假定存在着一种‘无法再被分割的最小粒子。’于是他将这种假设的最小粒子称为‘原子’。‘原子’这个词源于古希腊文中‘不可再分的东西’一词。

“虽然德谟克利特在推动自然科学方面的贡献是巨大的，但在当时古希腊还有另一个哲学学派，他们坚信，物质是可以被无限分解的。这两种说法，都推动古希腊的哲学处于物理学史上非常体面的地位。从德谟克利特的那个时代开始直到以后的许多个世纪，物质不可再分的这个概念，始终作为一个纯粹的哲学假说而存在着。到了19世纪，才有科学家找到了2000多年前那种不可再分的物质基础。

“事实上，在1808年，一位英国的化学家道尔顿就已经指出了化合物的不同成分比例……”

汤普金斯先生从演讲开始的时候就感受到了一种想要将眼睛闭上的强烈愿望。直到听到道尔顿的想法时，他终于如愿抓到了最后一根救命稻草，不管不顾地睡去了，于是演讲大厅弥漫开了来自他的鼾声。

进入梦境后，汤普金斯感觉有种飘飘然的愉悦。在睁开眼睛的瞬间，他才惊讶地发现自己的身体正在空间里以一种非常快的速度疾驰着。再看看周围，原来身旁还有很多看不清的人影也在同他一样，围绕着一个巨大的物体漂浮旋转。他们似乎非常快乐地在互相追逐。在这个过程中，两个成员组成了一对，每对中的其中一个成员朝着一个方向旋转，而另一个成员则朝着与之相反的方向旋转。从汤普金斯的角度来看，他们好像是在跳维也纳华尔兹舞呢。

“为什么我没有带慕德一起来呢？”汤普金斯先生突然感到有点孤单，“我是不是可以跟这些愉快的人们一起度过这美妙的时光了？”

这样想着，他便努力试图加入人群中去，但似乎存在一种力量，阻碍着他的行为。

这时，他又突然发现，这些人影都是电子，他莫名其妙地加入了一个由电子组成的集团中来。当发现有一个沿着扁长轨道运动的电子经过自己身边时，他决定向它述说一下自己在这个莫名处境中的苦恼。

于是他大声嚷着："为什么没有一个人陪我一起玩呢？"

"因为你是一个价电子！和我们可不一样。"那个电子也学着他大声嚷道，说完便返身回归到那些跳舞的人群中去了。

"作为价电子，你就得孤独地生活，否则就跳到其他的原子中去找伴侣。"从他身边路过的另一个电子用女高音尖叫着。

听到他们对话的另一个电子也开始嘲弄起来："喜欢漂亮的伴侣吗？干脆跳到氯原子中去寻找。"

这时又有一个慈祥的声音响起来："你非常孤独啊孩子！我看你应该是新来的吧。"汤普金斯顺着声音看过去，原来是一个身穿褐色外套，矮胖的犹如神父形象的老人。

"你好！我是泡利神父，"老人继续说着，并且身体也沿着自己的轨道跟汤普金斯先生并肩运动，"我天生的使命便是留意所有这些电子的社会生活与道德规范，然后保证它们能够规律地分布在玻尔——这位伟大的设计师所建造的各个量子的美丽房间中。为了这份责任，我不会允许同一个轨道上的电子数量超过两个。相信你也明白，由三个人所组成的家庭总会出现更多的麻烦事。所以电子组合的最佳方式就是：两个自旋相反的电子来组成一对。当一个房间里住下了一对电子时，我是绝不会允许其他电子再进去的，并且从来没有电子会试图去破坏这个戒律，因为这的确是个非常好的法则。"

"嗯，的确是这样，"汤普金斯想了想说，"但是这目前让我感到有些孤独。"

神父笑了："我明白，可是没有办法，谁让你的运气不好，当上了一个原子的价电子，便注定了孤独。因为你所附属的钠原子，有权在身边保持有 11 个电子，这正好是个奇数。当你能够弄明白，在所有的数目中，正好有一半为奇数，而另一半是偶数的时候，你就会了解自身的处境并没有什么不寻常了。至少从目前来看，你就得适应一个人过活。”

“您是说目前？那是不是说以后我还有脱单的机会？”汤普金斯先生迫切地想知道答案，“比如说，一旦能够赶走一个老住户。”

神父听了马上摇晃着手指说：“不，绝不是这样的，这反倒是你最不应该做的事。我只能说，总会存在一些因为外来干扰而被甩出去的成员，所以就会有空余的位置。但假如我是你，就不会去盼望这样的事情发生。”

汤普金斯有点泄气了，又问道：“有人刚刚告诉我，可以跑到氯原子那里去寻找伴侣，您可以告诉我具体该怎么做吗？”

“唉！真是年轻的人啊！”神父惋惜地说，“为什么连做了电子也总眷恋着俗世的那种生活呢？为什么就不能好好享受上天赐给你的独居的自在和安宁呢？如果你坚持要寻找一个伴侣的话，我也可以帮助你。看到我所指的方向了吗？那里正有一个氯原子在向我们靠近，看到它身边的空位置了没有？你去那里一定会非常受欢迎的。空位置外部的那组电子，就是由八个电子所组成的‘M壳层’，这八个电子组成了四对。但是现在，朝着一个方向自旋的电子有四个，而朝着另一个方向自旋的电子却仅有三个，正好有一个空位置。

他们似乎在跳着维也纳华尔兹舞

那里面还有两个分别

叫作‘K’和‘L’的壳层。这两个壳层是被电子占满了的，所以那个原子肯定很想让你去将它外壳层的空位也填满。你可以学习价电子们通常的做法，就是等到两个原子靠得非常近的时候，跳过去。然后你大概就不会感到孤单了，孩子！”说完，神父的身形便消失了。

**氯原子中有一个没有人占据的空位**

事情没有想象的那么难，汤普金斯先生只轻轻一跳，便处在了氯原子M壳层的友爱包围之中。

“这太让人高兴了！欢迎你！”一个自旋方向同他相反的伙伴一边沿着轨道滑翔，一边冲他喊道，“就永远做我的伙伴吧，让我们一起快乐地玩耍。”

汤普金斯的确感到很快乐，他愿意做这样的伴侣，同时也滋生出淡淡的烦恼和愧疚，“如果再遇到慕德的话，该怎么跟她解释呢？”但是转念一想，“它们只是些电子啊，慕德应该不会介意的。”

他的伴侣突然有点不高兴地说：“你已经离开的那个原子，为什么还没走开？难道还想让你回去不成？”

汤普金斯先生看了看，发现那个失去自己的钠原子果然跟现在的氯原子贴得很近，似乎真想让他再跳回到那个孤独的轨道上去呢。

“你总是想美事！又想让马儿跑，又不给它吃饱草！”他对着之前冷淡接待自己的钠原子说道。

“谁说不是呢，它们总是这个样子。”M壳中一个有经验的伙伴说，“钠原子中间的原子核跟它的电子队伍之间，总是存在意见上的分歧，也就是说钠原子本身是希望你回去的，但是在它其中的电子集团却并不希望你能回去。原因就是电子本身希望它们的数目能足够将壳层填满，而原子核却希望电荷能拉住几个电子就有几个电子。”

“原子都是这样的吗？”

“也有特别的，比如说惰性气体和所谓的稀有气体，它们的原子核和电子之间是能够达成一致意见的。例如，氖、氦和氩这些原子，它们既不会赶走其中的成员，也不再会接纳新的成员了。所以它们总是自觉地与其他原子保持距离，从化学的角度看，它们是不太活泼的一族。跟它们相比，其他原子中的电子们总是期待改变成员的数目。在你之前待的那个家族里，原子核靠电荷所保持的电子比壳层达到和谐所需要的电子多出一个。而在我们这个家族里，电子队伍却没能达到和谐，因此我们的队伍非常欢迎你的加入。但也正是因为你的存在，原子核会负担过重，我们这个原子也因为有了一个多余的电荷而不再属于中性的了。

“由于静电引力的作用，你所离开的那个钠原子便停靠在了我们旁边。之前，我听那位了不起的泡利神父说，像这些接纳了外来的电子的原子被称作‘负离子’，失去了电子的原子集体被称作‘正离子’。

“人们还将两个或多个靠电子结合起来的原子集团称为‘分子’。总之，他们好像是将钠原子和氯原子的组合叫作‘食盐’分子。”

“你不会连食盐都不知道是什么东西了吧？那是我们早餐时撒在炒鸡蛋上面的啊。”显然汤普金斯先生已经忘记是同谁在说话了。

# 第十一章（上）　快乐的电子部族

“哦？那么请问炒鸡蛋和早餐又是什么东西呢？”电子问道，对于这种新鲜的事物它非常有兴趣去了解。

虽然感觉有点可笑又可气，汤普金斯最终认识到，为这些同伴解释人类的生活，是毫无意义的。他对自己说，还是好好领略下这个奇异的世界吧，但是看样子，想要甩开那个健谈的电子并不容易，显然，它试图将长期电子生活中所知道的一切都倒给汤普金斯。

只听它继续说道：“千万别以为原子永远需要跟一个价电子发生关系才能结合成分子。比如说氧原子吧，就需要增加两个电子才能将壳层填满，甚至还有些原子需要增加三个或更多的电子才能将壳层填满。还有一些原子的原子核可以掌握两个甚至更多的电子（或者价电子）。当这两种原子相遇时，就会从一种原子上跳出很多电子到另一个原子上去，从而将这两种原子结合起来组成含有几千个原子的分子。还有一个算是不愉快的局面，就是由两个完全相同的原子所构成的分子。”

“为什么不愉快呢？”汤普金斯先生问道，他终于听出点兴趣了。

“因为需要做很多事情才能使相同的原子维系在一起，前不久，我刚好就担任了这样的任务，那里的情况完全不一样，可不是只需价电子高兴地搬个家那么简单，被抛弃的那个原子也不会像现在这样老老实实地待在周围。对于相同的原子，价电子必须马不停蹄地从一个原子上跳到被抛弃的原子上，然后再马上跳回去。那情景简直就像是在打乒乓球！”

汤普金斯先生感到十分惊讶，这个电子虽然不知道什么是早餐，却知道什么是乒乓球。但是他没有追问下去，而是继续听那个电子说：“所以我再也不想去担任那样的任务了！简直连片刻的休息都没有。哪里比得上现在这么舒适。”

“我想起来有个更好玩的地方，我走了，再见！”那个电子突然说道，然后朝着原子的内部用力一跳。汤普金斯先生看着它的身影，终于弄明白是怎么回事了。原来有一个意外闯进电子内部体系的高速电子，将 K

壳层中的一个电子从空隙中撞了出去。现在那里多余出来一个温暖舒适的位置。汤普金斯先生嗔怪自己没能早点发现这个空位，同时也在继续注视着刚才和他说话的那个电子的动静，只见它已经越来越深入于原子的内部，在它飞行的过程中，身边有一道刺眼的亮光伴随，直到它抵达内部轨道的时候，那道光线才熄灭了。

“那个明亮的光线是什么东西？为什么会那么耀眼？”

“那只不过是因为转移而发出的X射线而已，对于我们来说，一旦能成功深入原子内部，自身所多出来的能量就会以这种射线的形式发射出去。因为刚刚那个电子跳得太远了，所以它释放出的能量更大。通常我们只能跳到原子的近郊区，泡利神父称在近郊区所发射出的射线为‘可见光’。”

“应该说你们的用词很容易误导别人。就像这种X光，同样是可以看到的啊。”

“那是因为，作为电子，我们对任何一种射线都非常敏感。泡利神父曾说过，世界上有一种叫作‘人类’的巨大生物，他们所能看到的光和能量间隔的波长范围非常窄。有一次泡利神父给我讲了一个叫伦琴的了不起的人。他发现了X射线，也就是现在我们主要应用于医疗上的那种射线。”

“是这样的，对于X光线我了解得还真不少。”汤普金斯先生为自己终于可以露一手而感到自豪，“你想听听吗？”

“谢谢了，可是我不太感兴趣。”电子说道，“总是说话，难道你不觉得无聊吗？现在，你来追我怎么样？看看你有没有本事将我抓到！”

于是，汤普金斯先生在接下来的很长时间里都和其他电子享受着荡秋千般的疾驰快感。而这种快感在仿佛遭受电击般的感受后终止了。他感觉得到每根头发的竖起，显然这是一个强烈的电干扰正在逼近他们，同时迫使电子们离开了自己的轨道。对于汤普金斯和他的伙伴们来说这简直就是一场可怕的电风暴，他们的和谐运动被瞬间破坏了，但是从人类的物理学角度来看，这种现象只不过是因为有一个紫外光波正在经过而已。

“赶紧过来，你这个傻子！否则你会被‘光效应’的作用甩出去的！”他的伙伴大声喊着。

可惜太迟了，汤普金斯已经在以可怕的速度被抛向了空中，并且越冲越远。整个过程干脆利落，就好像他是被两个有力的手指捏起来一样。正在慌乱、喘不上气的时候，突然在他的正前方出现了一个巨大的原子！汤普金斯明白，一场无法避免的碰撞要开始了……

“对不起，我只是碰到了光效应的影响，所以……”碰撞之前，汤普金斯试图先进行有礼貌的沟通。但是他后面的话完全被刺耳的爆炸声给盖住了。这爆炸声来自他与一个外层电子的撞击。相撞的当事人都头朝下地摔到空间里。但是因为在之前的事件中失去了大部分的速度，汤普金斯这次得以看清楚周围的环境了。只见屹立在他周围的原子比平时看见的都要大很多，并且各自有 29 个电子。因为距离较近，这些原子所形成的有规则的图案延展到他所看不到的地方去了，所以他没有认出被它们所组成的就是铜。

但是汤普金斯还是注意到，这些原子并没有太在意保持电子的数量，特别是处于外层的电子。因为很多外层轨道上都是空的。反而是有一群群电子在空间散漫地游移着。它们一会在这个原子的外围上停靠一下，一会在那个原子的外围上停靠一下，所停靠的时间都不长。因为之前的冲击，汤普金斯感到疲惫不堪，决定先在铜原子那找一个安稳的轨道休息一会。但是在那些懒散电子的影响下，他最终还是跟随它们做了漫无目标的运动。

“这里的组织可真有点涣散啊，不好好工作的电子真多，这种情况应该由泡利神父出面来解决一下。”他一边漫游着一边自言自语道。突然真的听到了神父那熟悉的声音：“为什么需要我来解决呢？”泡利神父却不知从什么地方出现了，“这些电子不但没有偷懒，反而是在完成一种很重要的工作呢！这样说吧，如果原子都热衷于去保持它们的电子，那就不会出现导电性的物质了。也就是说，你家里的门铃、电灯和计算机等都将不再发挥作用。”

“那么，这些电子是负责负载电流的？可是它们的运动没有任何特定的方向啊。”因为不是很明白，所以汤普金斯先生努力将话题转移到自己所熟悉的领域去。

神父的表情更加严肃了：“我的孩子，你忘了你也是一个电子吗？所以你应该说‘我们’而不是‘它们’。举例来说，当有人按下和这根铜线接在一起的门铃按钮时，在电的压力下，你们这些电子就会一起跑过去呼喊女仆了。”

“但是我并没有想那样去做啊！”汤普金斯固执地争辩着，“并且我连电子都不愿意去做了！这简直太无聊了，缺少乐趣，还要永远担负着电子的什么责任！”

泡利神父回答说：“也不见得就是永远，总有机会发生湮没的，那时候你就不会存在了。”

神父的话又让汤普金斯产生了不快：“湮没！？我还以为电子是会永远存在的呢！”他感到脊背上一阵发凉。

“倒不一定是永远，”泡利神父反对说，他肯定并不喜欢为那些平凡的电子辩护，“你总是会有机会发生湮没，从而失去你的存在的。”

“不久前，物理学家们还是这样相信的，但这并不正确，因为电子也是有生有死的，死亡是碰撞中的意外。”神父说道。

听到最后，汤普金斯又有了点信心：“我刚刚还经历了一场碰撞呢，既然那次没有湮没，说明以后的碰撞也会如此。”

“那可不一定，是否湮没不在于在碰撞中你有多强大，而在于你碰撞的是谁。在上一次碰撞中，你很可能撞上的是跟你一样的负电子，这样的碰撞是没有什么危险的。但是一旦你碰撞到了正电子（这是物理学家们不久前才发现的），它可不会像正常的电子那样轻轻将你推开，而是使劲地将你拉过去。到时候，无论你做什么样的挣扎都来不及了。”

“为什么会这样呢？被拉过去以后将发生什么呢？”

“它会将你吞掉，也就是湮没掉。”

“啊！那是多么可怕的事啊……那么，一个正电子需要吃掉多少个普通电子呢？”

“一个就够了，因为在吃掉一个电子的同时，正电子自身也会发生湮没。正电子之间是不会互相伤害的，只有负电子碰到它们的时候，才会发生这样的事情。”

这件事给汤普金斯留下了深刻的印象，他叹了口气：“还好我还没有碰上这种怪兽，真是侥幸！现在只希望它们的数量少点。它们的数目多吗？”

“嗯，不是很多，因为它们喜欢找麻烦，很多生下来后就很快消失了。等一下，也许我现在就可以为你指出一个正电子来。”在短暂的寻找后，神父指向一边说，“诺，那里就有一个，细心点观察那个重原子核，有没有看到一个这样的正电子正在诞生？”

顺着神父的手看过去，的确有某种很强大的辐射从外界射到了那个原子的上面，这比将他从氯原子上扔出去的电磁干扰要厉害得多。也因此，围绕着那个原子核的电子家族犹如被大风吹散的蒲公英一样正在瓦解。

听到泡利神父说让他好好观察那个原子核，汤普金斯便顺从地集中精神瞧着，果然，在被破坏了的原子深处，正发生一种不寻常的现象：有两个模糊的影子在逐渐形成，大概一秒钟的时间，便有两个闪着亮光、崭新的电子用巨大的速度从出生的地方各自飞走了。

汤普金斯先生问道：“怎么会是两个电子呢？”

“就应该是这样的，想想电荷守恒定律，电子如果不是成对地诞生，就会同这个定律相矛盾了。原子核会在强 γ 射线的作用下产生一个负电子和一个正电子。看着吧，刚才诞生的那个正电子就要去寻找猎物了。”

“好在每诞生一个正电子，就会同时诞生一个普通的电子，这样就不会导致电子部族的灭绝了。我……”

还没等他的话说完，神父便用力推开了他，原来是那个新诞生的正电子正从旁边飞过，并且立刻撞到了另一个普通的电子，在撞击的地方出现了耀眼的两束光，接着便什么都没有了。

“我想你现在已经知道结果了。”神父笑着说。

还没来得及对泡利神父表示感谢，还没在幸免于难的宽慰中持续多久，汤普金斯先生就突然感觉自己被拉住了，被迫和那些刚才还在游荡的电子一起朝着一个方向平行前进，好像是要参加什么统一的行动。

他喊道：“嗨！神父，这又是怎么一回事呢？”

“你们正在通向电灯灯丝的路上，我想肯定是有人打开了电灯的开关啦！和你聊天很愉快，再见！”说完，神父迅速地离开了他。

汤普金斯先生正在通向电灯灯丝的路上

# 第十一章（上）　快乐的电子部族

这趟旅行开始的时候，就好像是在机场的跑道上慢慢行驶一样轻松愉快。汤普金斯先生同其他电子一道慢吞吞地穿过原子点阵，无聊中他很想找个电子来聊聊天。

于是他主动说道："这趟旅程很轻松，对吗？"

听到这话的电子瞪了他一眼说："你是第一次参加这样的电流活动吧？别高兴得太早，我们就快要受难了。"

虽然不明白受什么难，但是汤普金斯先生显然不想再打听了。他们正在通过的那条道路突然变得狭窄起来，电子们只好挤压在一起，周围变得越来越闷热也越来越明亮了……

"你要坚持住啊！"他身旁的一位女士嘟囔着说，身体正从旁边向他身上挤靠过来。

汤普金斯先生被挤醒了，睁开眼睛发现自己还在演讲大厅的木头长椅上坐着，旁边的那位女士已经将他挤到了墙上。

# 第十一章（下）
# 汤普金斯先生睡觉错过的演讲

1808年，英国化学家道尔顿就已经指出：形成各种化合物所需要的不同种类的化学元素之间的数量比，总是可以用几个整数比来代表的。原因是，所有复杂的化合物都是由一个个粒子构成的，区别只是这些粒子的数量不同而已。

中世纪有个事实可以证明，粒子是不可分割的。就是那时候的炼金术士没办法将一种化学元素变为另一种。这也是原子得名的缘由。因为在古希腊文中，原子的意思是“不可再分的东西”。尽管现在我们已经知道了原子并非不可再分，而是由很多更小的粒子所构成，但是并没有人提出要改变原子的这个称谓，我们对其在哲学上的不一致性采取了默许的态度。

所以原子根本不是德谟克利特所想象的那种不可再分、最基本的结构单位。如果将“原子”这个名称用于那些构成“道尔顿原子”的小得多的粒子（如电子和夸克）上去，恐怕要更确切一些。之所以没有改变名称，是因为变来变去的话，容易产生很多混乱。因此我们还是沿用了原子这个名称，将电子和夸克等更小的粒子统称为“基本粒子”。

基本粒子是更符合德谟克利特所说的那种不可再分的、基本的粒子。如果你问我历史会不会重演，现在认为的这些基本粒子会不会又被证明也是一些复杂的可拆分的粒子的话，我只能说，谁也保证不了未来会发生什么事，至少现在我们有充分的理由证明，这一次是十分正确的。

实际上，不同的原子跟不同的化学元素相对应，都有 92 种。其中每种原子都有其独特的性质和复杂性。这就要求我们对这一复杂的图景进行某些简化，归纳为最基本的景象。

接下来我们来谈谈原子是如何由基本粒子构成的问题。关于这个问题的答案已经在 1911 年就揭晓了。当时英国著名的物理学家卢瑟福通过实验得出结论：所有原子都具有一个带正电的、非常密实的核心（即原子核），在这个核心的周围是一片稀薄的负电子云。现在我们知道，原子核还可以拆分为一定数量的质子和中子（可以将它们统称为核子），并且有一种很强的内聚力将它们紧紧联系在一起。原子大气中不同数量的负电子在原子核的正电荷静电引力下，围绕着原子核进行运动。原子的一切物理和化学性质是由形成原子大气的电子数量决定的。这个数目从 1（属于氢）按照化学元素的天然排序一直增大到 92（属于铀）。

虽然卢瑟福的原子模型有明显的简单性，但是想要彻底理解它，却并不简单。

古典物理学有一个比较可靠的观念，围绕着原子核旋转时，带负电的电子会通过辐射的过程而失去其动能。并且已经有人计算出，因为电子会不断失去其能量，所以那些组成大气的原子会在不到一秒钟的时间里落到原子核上并发生坍缩的现象。这个看似十分正确的古典物理学结论，后来却跟经验事实尖锐地对立着。因为事实上，原子大气是十分稳固的，原子中的电子也不会落在原子核上，而是无限长期地围绕着原子核而旋转。因此我们说古典力学的基本概念和原子世界的结构力学之间，有着十分尖锐的矛盾。因此，丹麦的著名物理学家玻尔认为，我们必须将在几个世纪以来占领权威地位的古典力学，当作是一个仅仅在有限范围内才可以应用的理论。换句话说，古典力学比较适用于人们平时所接触的宏观世界，一旦将它推送到原子中精细得多的运动上时，它就会显得无能为力了。玻尔觉得，为了使力学能够适用于原子中那些细微的运动，可以实验性地建立一门更广泛的、更新的力学。可以假设在古典力学的运动类型中，只有几种类型是可能在宏观世界中实现的。那么这些类型就应该有一定的数学依据，即为根据玻尔理论中的量子条件来进行选择。关于这些量子的条件，这里就不做详细的讨论了，我们将重点放在对这些条件的选法上，想办法使它们所施加的所有限制，在运动粒子的质量远大于原子结构中所碰到的质量的场景下，失去意义。只有这样，在宏观物体上应用新的微观力学时所得到的结果，才能够对应旧的古典理论了。

只有少数几种特定的类型才可能实现

古典力学和新的微观力学之间的分歧，只有在细微的原子仪器中，才会产生重大的意义。此处我们借用玻尔量子轨道图来进一步说明。请看图，从图中我们可以了解到在玻尔的观念里，原子结构的样子。图中，大家能够看到一系列的圆形或椭圆形的轨道，这些轨道也代表了电子在经过量子条件时所被允许的运动类型。然而古典力学对于电子的轨道就不会做任何的限制，认为电子可以在任何距离围绕着原子核进行运动。而图中的则是一组分立的轨道，它们在不同方向上的大小都有严格的规定。所以在每个轨道的旁边都会标注数字和外文的字母，字母代表着轨道在一般分类法中的名称。而数字越大，代表着所对应的轨道直径越大。

虽然玻尔的原子结构理论被认为是非常有成效的，但是在量子轨道彼此分立的这个概念上却总是不太清晰。这导致当我们想深入分析古典理论所受到的这种限制时，图像就会变得越来越不清楚了。这也是玻尔理论的缺陷所在。后来人们认为，造成这样不完美结果的原因是，仅仅凭着一些附加条件去限制古典力学的结论，而没有从根本上去改造古典力学。而所凭借的附加条件对于整个古典理论的结构来说，又是不太相容的。

直到13年后，关于这个问题的正确答案才出现，那就是“波动力学”理论。这个理论依据新的量子原理修改了整个古典力学的基础。虽然刚开始人们觉得它好像比玻尔的理论还要奇怪，但是却成为今天的物理学中，最合乎逻辑、最被人们所接受的一个重要组成部分。

我已经在前几次的讲座中讲过这种新力学的基本原理，特别是关于“弥散轨道”“测不准性”这样的概念。这里只是想通过再次强调来提升大家的印象，下面我们就接着讲讲关于原子结构的问题。

请看这幅图，图上显示着波动力学是如何以弥散轨道的观点作为出发点，然后去设想电子是如何在原子中运动的。将这幅图和上一幅图做比较，你就会发现，这些雾状的图案摹写的正是玻尔轨道的特点。只不过现在这张图上并不是玻尔理论那种清晰的轮廓，而是同那些基本的没有测准的原理相符合的模糊的图形。

仔细观察这些图就会了解，有量子起作用的场合下，古典力学中的那些旧式轨道发生了什么样的变化。除了研究原子微观世界的科学家们会很容易地接受并采纳它，那些门外汉们则容易将这些当作是无稽之谈。

在简单地了解了原子的电子大气可能存在的运动状态后，我们将会

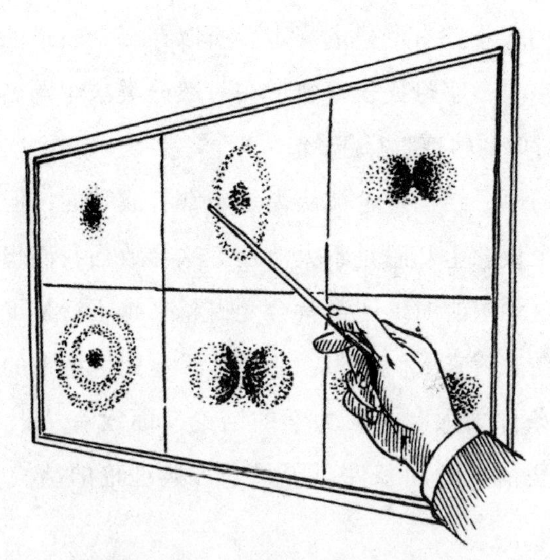

我们现在有一些模模糊糊的图形

碰到这样一个问题：同一个原子的电子在不同的运动状态中分布会不会有所不同？具体会是如何分布的？想弄明白这个问题，就要先弄明白一个新的原理：在同一个原子的电子群体中，不可能存在具有相同运动的两个电子。这个原理是由泡利最先提出来的，是一个我们在现实世界中非常陌生的原理。因为在古典力学的观念里，可以存在无限多种类的运动状态，所以这个原理的限制对其就没有多大的意义。但当我们知道量子规律已经在很大程度上缩减了可实行的运动状态的数目时，泡利的这个原理对于微观世界就显得格外有用了。它不允许电子们拥挤在某个点上，而是保证它们或多或少地能够均匀地分布在原子核的周围。

尽管如此，我们也不能就下结论说，图上的每一个弥散的量子运动状态，只能有一个电子来占据。实际上，电子除了围绕着原子核沿着自身的轨道运动外，还会围绕着自身的轴进行自旋。这就好比地球在围绕着太阳旋转外，还会围绕着南北轴进行自旋转一样。电子有自旋的这一现象，导致当两个电子自旋的方向不一致的时候，就会沿着同一个轨道来围绕着原子核运动了。有科学家专门对电子的自旋进行了研究，发现电子自旋轴的方向一定且永远是跟轨道平面相垂直的，电子自旋的速度也永远是相等的，并且只能存在两个不同的自旋方向。于是我们就用顺时针和逆时针来代表这两个方向。通过对电子自旋的研究，我们可以将说法改变为：位于每一个量子运动状态的电子数量不能超越两个，并且这两个电子的自旋方向一定是相反的。所以当沿着元素的序列向电子数量越来越多的原子推进时，我们会发现，不相同的量子运动状态会被电子逐步来填充，原子的直径也因此而越来越大。

从电子的结合强度上来看，我们将电子的不同量子态，按照大致相同的程度，分为几组分立的量子态（也叫电子壳层）。在顺着天然序列进行推进时，总是先填满一组后，才继续填充另一组。这种有顺序的填充，导致各种原子的性质会发生周期性的改变。这和俄国化学家门捷列夫依靠经验所发现的元素周期性正好对应。

# 第十二章
# 原子核内部

在下一个演讲会上，汤普金斯先生听到的是关于原子核内部结构的内容。

女士们、先生们：

就我们的进度而言，我们是在越来越深入地发掘物质结构的道路上。今天，终于可以来探查一下原子核的内部结构了。难以想象的是，原子核的内部仅仅占了原子总体积的几亿分之一，那里真可谓是一个秘境。虽然这个新的研究领域小得让人难以置信，但是研究者却发现它具有巨大的活动性。

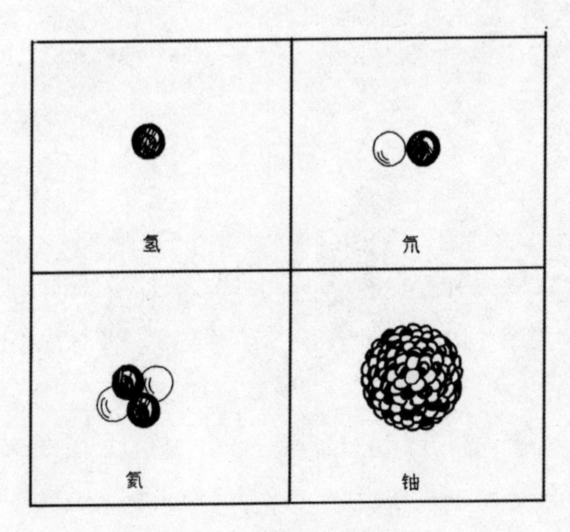


氢、氘、氦和铀的原子核

不可思议的是，作为原子的心脏，原子核虽然只占原子总体积的 $10^{-15}$，但是它的质量却是原子总质量的 99.97%。从密度稀薄的电子云中穿过，进入原子核的区域时，你会惊奇于电子核中相当拥挤的粒子状态。在原子大气中，电子的活动范围平均来说比它自己的直径要大几十万倍。而原子核中的粒子却挤得满满的，只能够勉强进行移动。这与一般液体的内部情况很相似，只不过我们所研究的是比分子小得多的质子和中子。讲到这，需要强调的是，质子与中子，是两种不同的带电状态，现在我们却把它们看成是同一种的重基粒子，因此也将它们两个统称为“核子”，中子是电中性的核子，质子是带正电的核子。在几何大小上，它们的直径约为 10 ~ 12 厘米，跟电子没有多少差别。但是在质量上，核子就要比电子重多了。如果用天平来衡量的话，需要放 1840 个电子才能跟一个质子（或中子）的重量达到平衡。

前面我提到原子核中的粒子处于非常拥挤的状态中，这是因为原子核中特殊的内聚力，也就是强核力导致的。这种特殊的内聚力可以阻止粒子之间的完全分离，同时又不会妨碍粒子之间的相对移位。因此可以说原子核内的物质具有某种程度的流体性质，在没有外力的干扰时，会呈现出水滴一样的球形。从现在这张图上可以看到，由质子和中子构成了几个不同的原子核。其中氢的原子核只含有一个质子，是最简单的一种。铀的原子核中含有 92 个质子、142 个中子，是最复杂的一种。因为，根据量子论中的测不准原理，每个核子实际上都会弥散到整个原子核的区域，所以对于这些图形，你们应该将它们看作是真实情况的高度公式化。

除了特殊的内聚力外，原子核中还有一种跟它作用相反的力——库仑斥力。这种力原本是无足轻重的存在，作用于原子核成员中一半带正电的质子之间，让它们互相排斥。但是在电荷很多、原子核非常重的情况下，库仑斥力就会跟内聚引力进行激烈地争斗。核力只在相邻的核子之间起作用，属于短程力；静电力则属于长程力。因此，原子核外面的质子会受到核内所有质子的排斥，而只受到紧邻核子的吸引。原子核内的斥力会随着质子的增多而变强，而引力则不会随之变大。但是当质子的数量超过限度的时候，原子核就会将内部某些部分驱逐出去，不再是稳定状态的了。这个过程就是“放射性元素”发生的情形。

有人根据上面的情况分析说，因为中子不带有任何电荷，所以不稳定的重原子核会将质子给发射驱逐出去，也就是说中子们并非是库仑斥力想要排斥的目标。但是通过实验我们得知，实际上被发射出的“α 粒子”（氦的原子核），是一种复合粒子，因为它是由两个质子跟两个中子所构成的，这样的 α 粒子是相当稳固的。所以将整个 α 粒子抛出去的做法会比将其分裂成质子与中子要方便容易得多。

各位知道放射性衰变现象是由谁最先发现的吗？没错！就是法国的物理学家贝克勒尔。而将放射性衰变的现象解释为原子核自发嬗变的结果的人，是英国的著名物理学家卢瑟福。这个名字，我们之前已经谈到过，他对原子核物理学的科学贡献是巨大的。

下面我们要讲讲 α 衰变的过程：首先 α 粒子要找到能够离开原子核的路径，但这总是需要很长的时间，对于铀和钍来说，所需要的时间大概是几十亿年；对于镭来说，所需要的时间大概是 16 个世纪。这也是整个衰变过程的一个最重要的特点。

虽然也有一些元素的衰变过程只需要几分之一秒，但是这同它们原子核内部的运动速度相较而言，仍然算是非常漫长的时间了。话说回来，能导致 α 粒子在原子核内停留几十亿年的到底是怎样的神奇力量呢？又是什么力量在最后让它被发射了出来呢？

想要弄明白这些问题，我们就得先了解内聚引力和静电斥力的相对强度。既然卢瑟福已经利用“轰击原子”的方法来对这两种力进行了细致的研究，那么我们现在就从他的这个著名的实验开始讲起：实验中，卢瑟福让从某种发射性物质所发射出的一束快速运动的 α 粒子射到物质上，然后观察这些“炮弹”跟被轰击物质的原子核碰撞时所发生的偏转。得到的结果是，当 α 粒子在距离原子核比较远的地方时，会受到核电荷的长程静电排斥，当 α 粒子得以射到离原子核非常近的区域时，则会受到强烈的引力。

对于这个结果，你们可以想象为，原子核四周被垒起了又高又陡的围墙，这些围墙既不让外面的粒子进入，也不让里面的粒子逸出。但是卢瑟福的实验之所以让人震惊，原因就在于，无论是在衰变过程中所发射出的 α 粒子，还是从外部企图射入原子核的粒子，都没办法越过那道围墙。因为它们所拥有的实际能量都太小了。这又是一个同古典力学相矛盾的实验结果。对此，古典物理学家们只好假定卢瑟福的实验室存在某种错误。但实际上，这没有任何的错误。如果一定要说明哪里出错的话，那也一定是古典力学自身的错误。这是已经被伽莫夫、格尼和康登澄清了的事实。他们都认为，只要从量子论的角度去考虑，就不会存在什么疑问了。实际上，今天的量子物理学也不承认古典理论中的那种呈曲线状的、用模糊行迹来代表的轨道，并且这种幽灵般的轨道竟然还可以穿透在古典观点看来无法穿透的原子核围墙。

原子核的围墙被能量不够大的粒子穿透的可能性，的确是由新的量子力学的基本方程所给出的数学结果。这也代表着新、旧运动概念之间的重大差异。但是新力学对这种不寻常效应的容许也是需要在严格限制的条件下：绝大多数情况下，粒子肯定会往墙上撞击无数多次，才有可能获得最后的成功。因为这种得以穿越墙壁的概率极其微小。对于这种概率的计算，量子论也为我们提供了精准的公式，可以证明， α 衰变的周期是同这种理论预测完全相符的。就算是面对从外部射入原子核内的粒子，量子力学的这个计算结果也跟实验结果完全符合。

下面再来看几张照片，它们为我们显示的是几种被“炮弹”所击中的原子核的衰变过程。第一张是旧的云室照片，由于人们无法直接看到非常微小的亚原子粒子，借助显微镜也一样看不到。所以你们肯定想象不到这里会有他们的真实照片，然而实际上想要得到这样的照片并没有那么困难，威尔孙就利用了“从飞机留在身后的蒸汽尾迹来知道其行踪”的方法，将亚原子粒子变成了可见的。

他制造了一个观察室，里面含有气体和水蒸气，通过一个活塞使里面的气体发生突然的膨胀，接着观察室内的温度会立刻降低，里面的蒸汽便处在了饱和的状态，这就会使蒸汽附着在小水滴上形成了云。那么这些水滴是如何形成的呢？威尔孙实验室的巧妙之处，就在于他能将所有尘埃都清除干净。让发生电离了的原子通过冷凝形成越来越大的水滴。因此这个云室就会发生这样的现象：只要带电的粒子从中穿过，就会随之形成一串小水滴。并且这些水滴能在几分之一秒内变大到足以让人们用肉眼观察到，我们的照片也是这样得来的。从照片上我们可以看到，由左边开始出现了很多串由 α 射线源所发出的一个 α 粒子所造成的小水滴，这些 α 粒子中，只有一个是击中了一个氮原子核后才穿过我们的视场的。大家可以看到，它的径迹终止在碰撞点上，并且从这个点上出现了另外两个行迹，朝左上方飞去的那条细长的行迹是氮原子核中被击出的一个质子所留

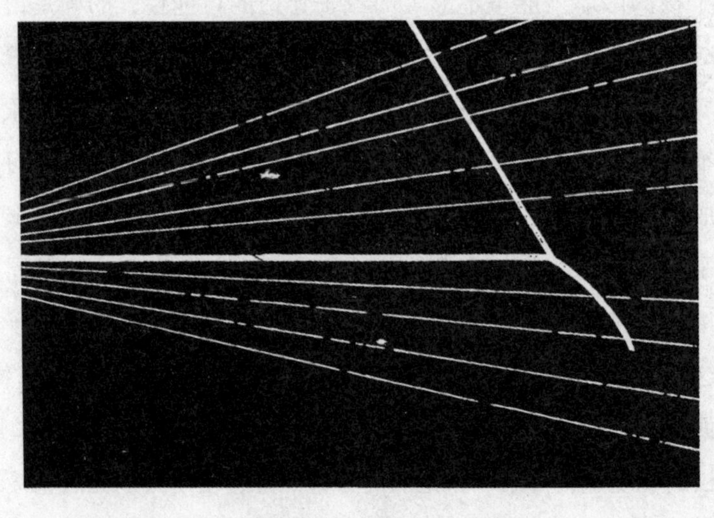

这里形成了许多串小水滴

下的，另一条短粗的行迹则是原子核自身在反冲时留下的。此时，失去一个质子又吸收了一个 α 粒子以后氮原子核已经变成了氧原子核了。这张照片是卢瑟福的学生布莱克特拍到的。之所以想让大家看看它，是因为这是第一张拍摄到的让元素发生人为转变的照片。

照片上所表明的核嬗变，是当今物理学所研究的几百种核嬗变中非常有代表性的例子。在所有的“置换核反应”的核嬗变中，都会有一个入射的粒子，可能是质子、中子也可能是 α 粒子进入原子核中，将另一个粒子赶出去取而代之。在所有这些嬗变中，所产生的新元素都是被轰击元素在周期表上的近邻。

在第二次世界大战前夕，德国的两位化学家哈恩和斯特拉斯曼，发现了一种新型的原子核变化：一个重的原子核分裂为两个差不多相等的部分，在分裂的同时释放出了巨大的能量。这种现象被称为“核裂变反应”，在下面的图片中，可以看到铀原子核被分裂成两块碎片，它们从一张很薄的铀箔向相反的方向飞出去。这种现象起初是在中子束攻击铀的情景中被发现的，后来人们发现，在周期表末尾的其他元素，也具备这样的

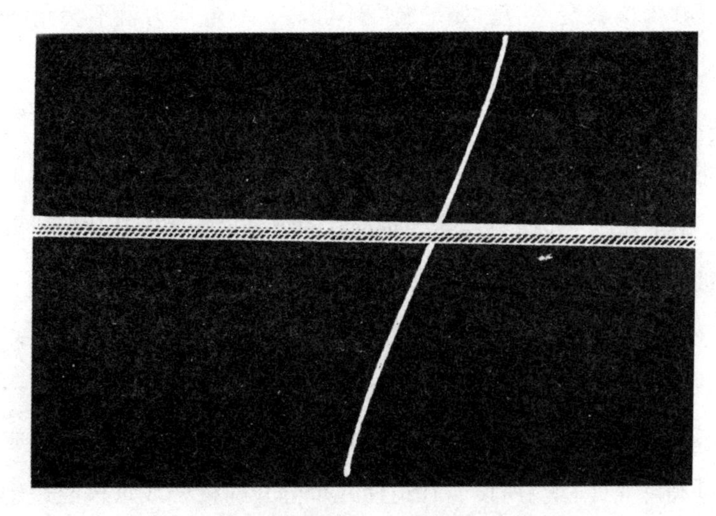

**这种现象被称为核裂变反应**

性质。因为这些重原子核都处在其稳定性的边缘上，所以中子在撞击中只需给出非常小的刺激，就能导致它们的分裂。其实，任何一种比铀更重的元素都是没办法长期存在的，重原子核的这种不稳定性，可以拿来说明，为什么自然界中只有 92 种元素了。

核裂变具有什么意义呢？当重核分裂时，会发射出能量，成为核能源；在被发射出去的粒子当中，有一些是可以引起临近原子核裂变的中子，而裂变的发生又可以导致更多中子的被发射。这就是链式反应。如果铀原料足够多，这种裂变过程就会自动地持续下去，结果很可能演变为一种爆炸反应。第一颗原子弹所依据的制造原理就是，在几分之一秒的时间里，将原子核中所储藏的能量统一释放出去。

在严格的控制之下，链式反应可以持续稳定地进行下去，释放一定的能量，也不会发生爆炸，如核电站里所发生的事情。

开发原子核能的途径，并非铀这样的重元素发生核裂变这一种途径。另一种方法就是将最轻的元素合成重元素。在温度很高的情况下（几千万摄氏度），当两个轻原子核相接触时，会像两小滴水银一样凝聚成一滴。这种过程称为核聚变反应。如果温度不够高，静电斥力就不会允许轻原子核彼此发生接触。

最适合发生聚变反应的原子核是氘核，即从海水中提取的重氢的原子核。讲到这里也许有人会问，为什么聚变和裂变的过程中都会释放出能量呢？原因是，中子和质子的某些组合要远比其他组合更牢固。从比较松散的组合变成牢固有效的组合时，就会产生多余的能量。这些能量便被释放了出来。

同样的道理，铀原子原来的原子核是处在十分松散的状态里，它通过分裂成较小的群组来使组合变得更牢固。在周期表上轻元素的那一端，却是核子较重的组合，例如氦原子核，是由两个质子和两个中子组成的，它们就束缚得非常牢固。所以，在迫使几个分开的核子或氘核经过碰撞而结合成氦时，便会有能量被释放出来。氢弹便是依据这种原理制造成功的。

氢会通过一些反应转变成氦，这个过程会释放出巨大的能量而发生爆炸。氢弹爆炸的威力要比第一代核武器大得多。它所产生的负面因素是，企图和平使用氢弹威力的困难，也非常巨大。至少，在建成利用聚变能量的核电站以前，还需要走很长的路！

现在可以介绍的是，太阳可以毫不费力地做到这一点。太阳的主要能源来自氢不断地转变为氦。在过去的50亿年中，太阳已经成功地将这种反应以稳定的速率维持下来了，并且它还将会把这种反应继续维持50亿年。恒星的质量要大于太阳，因其内部的温度更高一些，便引发了更进一步的聚变，这些反应将氦变成了碳，又继续将碳变成了氧，直至变成铁元素为止，此时的聚变反应已经没有什么可用的能量释放了。所以想要得到有用的能量，就需要相反的过程。例如铀这样重原子核的裂变发生。

聚变和裂变都能够释放出能量

# 第十三章
# 年迈的木雕师

当天晚上的演讲结束后，汤普金斯先生回到家，发现慕德已经睡着了。他便端着一杯自己冲的热巧克力坐到慕德的床边，脑海中回想着今天听到的演讲内容。因为核毁灭的威胁让他感到不安，所以他又特别重温了关于原子弹的那部分内容。最后默默念道："当心今晚会做噩梦，想必核毁灭的事情是不会发生的。"

放下空杯子、关了灯以后，汤普金斯挨着慕德睡下了，幸运的是，在他梦中出现的并非都是可怕的事情……

他发现自己出现在一个有长长木质工作台的作坊里。工作台上有一些简单的木匠工具。一个靠着墙的老式厨架上，放着各式各样形状奇异的木雕艺术品。这时，一位老人出现在工作台旁边开始认真地干起活来，在仔细观察了他的容貌后，汤普金斯先生发现这位老人既像《比诺奇奥》中那位叫格佩托的老人，又很像实验室的墙上所悬挂的那幅已故的卢瑟福的照片。总之，他觉得那应该是一位很和善的老头。于是主动开口说道："您好！请原谅我冒昧地打扰，因为我觉得您非常像那位核物理学家卢瑟福博士。所以想问一下你们之间会不会有什么血缘关系呢？"

老人抬起头来看了看他，将手里正在雕刻的木块放到了一边，说道："你这样问，是不是因为对核物理学非常感兴趣呢？"

“可以这样说，但我并不是专家……”汤普金斯先生谦虚地回答道。

“那你就来对地方了，过来看看，我正在这个小工作室里制造各种原子核呢。”

汤普金斯显得非常惊讶：“什么？您在制造原子核？”

“没错，这当然不是什么轻而易举的事情，特别是在制造发生性原子核的时候，更是需要运用好技巧，否则很可能在还没来得及上色的时候，它们就已经分裂了。”老人说道。

“还要给它们涂颜色？”

“当然，因为红色和绿色是‘互补色’，它们两个混合在一起就会发生相互抵消。所以带正电的粒子会被我涂上红色，带负电的粒子会被涂上绿色。这才能跟正负电荷之间的相互抵消相符合。如果是由来回运动的正、负电荷所组成的原子核，它就应该呈现电中性，从颜色上看就应该是白色的。同样的道理，如果原子核的正电荷更多一点，那么整个系统就会带点红色，负电荷更多一点，整个系统就会带点绿色。这非常容易理解，对吗？”

“看这两个大木盒子，”老人指着桌边说道，“那里面就是我保存制作各种原子核的原料的地方。第一个盒子里存放的是红色的质子，除非你用刀子那样的东西将颜色刮掉，否则它们会非常稳定地保持红色。第二个盒子里存放的是电中性的中子，所以通常情况下，它们是白色的，也就是说当存放它们的盒子盖得严严实实的时候，它们会保持正常。但是一旦将它们拿出来……不妨现在就来看看。”老人说着便从盒子中取出一个白色的球放在工作台上，不长的时间后，只见那个白球的表面上呈现出不规则的条纹，其中有红色的也有绿色的。看起来就像是孩子们经常玩的那种带颜色的玻璃弹球。再过了一小会，球上的绿色逐渐聚集到了一侧，形成一滴鲜亮的绿点和球分离，滴在了地板上。绿点所脱离的那个球于是整体变为了红色，跟第一个盒子里的红色球没有什么区别了。

老木雕匠将那滴绿色从地板上拾了起来，说道：“它现在已经变成很硬的圆了！你已经看到了发生变化的过程，没错，白色的中子球分解为红色和绿色，其中有一个质子，有一个带负电的电子。于是整个球分裂成三个独立的粒子。”

看到汤普金斯先生露出惊讶的表情，老人又说：“对了，还有一个微子。”

汤普金斯更加困惑了：“您说的是微子吗？”

“准确地说是中微子，喏，它已经跑到那边去了。”老人用手指着墙壁说，“看到了吗，难道你就没注意到它？”

我把带正电的粒子涂上红色，把带负电的粒子涂上绿色

“嗯，我看到它了。但是现在又找不到它了，它又跑到哪里去了呢？”

“中微子的确是非常滑溜的东西，并且可以穿过所有物体。无论是将门关上还是用坚硬的墙壁围住它，它都能顺利逃掉。它甚至可以从地球的一侧直接穿越到另一侧去。”老人解释道。

“啊，那的确太神奇了！”汤普金斯惊叹道，“这简直比变戏法还要高明啊，那么您还能将颜色变回去吗？”

“当然可以！并且我

有两种将颜色变回去的办法，一种是将绿色的燃料再揉回到红色球的表面去，一种是将红色的颜料刮掉，无论这两种方法的哪一个，都需要花费掉一些能量。”

“当正电子跟负电子碰到一起的时候会发生互相湮没的情况，这我的确听说过。那么您也可以为我变一次这样的戏法吗？”

“当然可以，这没什么难的，但是我可不想费力气去将颜料刮下来了。正好这里还有两个多出来的正电子……”老人说着便从抽屉里捏起来一个明亮微小的红球放到了工作台上，又将那个绿色的小球放到它旁边。突然，它们在发出像鞭炮一样的响声后一下子全都消失掉了。“看到了吧！这也是人们不用电子来制造原子核的原因。我曾经也有过这样的想法，失败以后，便采用质子和中子了。”老木雕匠一面说一面吹了吹被爆炸轻微烫伤的手指头。

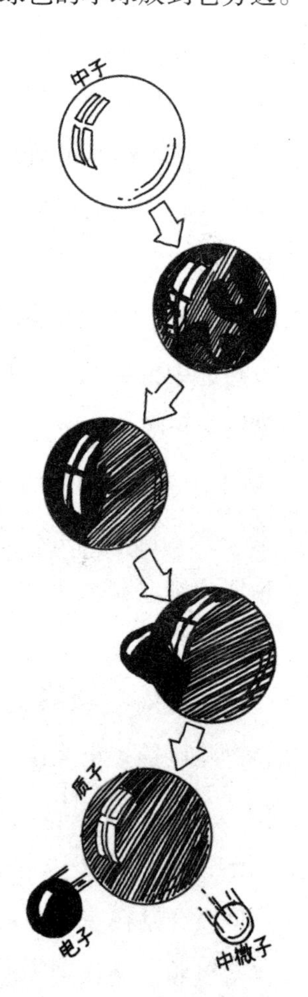


“但是中子也一样不稳定啊！”汤普金斯想起来老人的上一个表演。

“中子在单独存在的时候的确是不怎么稳定的，但是一旦将它们放到原子核中，当它们的周围还存在有别的粒子时，就会变得非常稳定了。其中有一种情况是，当中子（或质子）相对原子核来说太大的时候，它们就会自觉地发生让多余颜料以正电子（或负电子）的形式从原子核中发射出去的转变。这种自觉调整的方法，我们将其称作 β 衰变。”老人详细地介绍着。

汤普金斯先生很感兴趣地问道：“那么在

制造原子核的时候会用到胶水这样的东西吗？”

老人回答说：“一点都不需要，只要让这些粒子相处在一处，它们就会互相粘住的。你也可以自己动手试试看嘛。”

听老人这样说，汤普金斯先生便一手拿起一个质子，一手拿起一个中子，试着将二者放到一处，这时他便感觉到有一股强烈的吸引力，仔细观看时，发现这两个粒子竟然一会变白、一会变红，在以极快的速度不断交换着彼此的颜色。颜色变化之快仿佛是有一条粉红色的带子绑在了两个球之间，而颜料就顺着这条带子从他的一只手跳到了另一只手上。

这时，只听老人说：“我那些做物理理论研究的朋友说这就是‘交换现象’，当你将两个粒子放到一起的时候，它们都倾向于占有这个电荷而变成红色的，但是电荷是不可能被两个粒子同时占有的，所以便出现了这种轮流转化的现象，最终的结果是两个粒子牢牢粘在了一起，需要很大的力气才能将它们分开。接下来说说你想要什么原子核吧，我现在就可以做出来给你，让你知道制造一个原子核其实是一件非常简单的事情。”

想起中世纪炼金术士们努力想要达到的目的，汤普金斯回答说：“那么就做金子吧！”

“金子？好的！那就让我们来试试吧。”老木雕匠一边说一边从墙上的一张大图表上寻找，“噢，金子带有 79 个正电荷，质量是 197 个单位，所以我必须拿出 79 个质子，加上 118 个中子，才能得到金子的正确质量。”

老人将同样多的粒子全都放进一个较长的圆筒中，然后拿起一个大木塞使劲将圆筒盖牢。在用力压木塞的时候，他还不忘跟汤普金斯解释说：“因为带正电荷的质子之间有着非常强的排斥力，所以我们必须要这么做！啊！再用点力……当木塞的压力能够克服这种斥力的时候，质子和中子之间就会粘在一起，成为我们想得到的原子核了。”

等到将木塞压到不能再深的时候，老木雕匠又迅速地将它拔了出来，并马上将圆筒倒立了过来。然后一个粉红色、闪亮亮的圆球便跑到工作台上去了。汤普金斯先生发现，这个圆球之所以是粉红色，跟之前他观察到的情况一样，是因为白色跟红色粒子之间因迅速跳跃着交换而产生的结果。

“这就是一个金原子吗？它简直太美了！”他惊叹着说。

“不！它只是个原子核罢了，还不是原子呢。”老木雕匠赶紧纠正他，“接下来我们还需要添加一定数量的电子，目的是让它们能中和原子核所带的正电荷，你也可以理解为，是为原子核造一个电子的外壳。当然，这种事做起来很容易，原子核自己就会将周围的电子给抓住的。”

“为什么从来没有人说过金子是这样容易就被制造出来的？包括我的岳父和那些核物理学家们。”

老人用带了一点恼怒的音调说：“虽然他们能将一种元素变成另外一种元素，但是范围很有限，这方面，他们实在是笨拙得很！所能得到的新元素的数量，少得连他们自己也很难看到。那么我就让你也看看他们是如何做的。”老人说着便拿起一个质子，使出浑身的力量将它扔向工作台上的那个金原子核。汤普金斯发现，在质子接近原子核外围的时候，速度稍微变慢了一点，经过片刻的犹豫，终于撞入原子核里去了。于是原子核似乎身体不舒服似的哆嗦了起来，紧接着，随着噼里啪啦的响声，从原子核分裂了一小部分碎片出来。老人捡起那个碎片说道：“这就是被他们称作 α 粒子的东西。现在来仔细看看，有没有发现它含有的是两个质子和两个中子。这种情况通常是因为粒子是从放射性元素的重原子核中所发射的，对于普通的原子核来说，如果你可以敲打得足够狠的话，也可以得到这种粒子。这里我要强调的是，现在那个从金原子核中敲打出来的碎片，已经不再是金原子核了，因为它失去了一个正电子，所以变为铂的原子核了。在元素周期表上，铂位于金的前面。结合这个转变的过程，我们其实可以得到任何一种指定的元素。”

听到这里，汤普金斯先生又有了疑问："既然如此，物理学家们为何不将一些普通元素转变为像金这样具有更高价值的元素呢？"

"首先他们没办法像我这样准确地发射出炮弹，他们在实验中需要发射出去几千发炮弹才可以击中一个原子核。这样的效率实在是太低了。其次，在直接射中的情况下，还存在着炮弹无法进入原子核内部的情况。在我将炮弹扔向原子核的时候，你应该会注意到，它在进入原子核之前的犹豫。因为它很有可能会被原子核给弹射回来。"

"那么，会将炮弹弹射回来的东西到底是什么呢？"

"好好想一想，我认为你应该会猜到。如果你没忘记原子核和试图攻进它的质子都是带正电荷的话，你就应该想到，它们之间存在着静电斥力！也就是一种难以跨越的墙垒。质子想要顺利穿越过这个墙垒，就需要使用些例如特洛伊木马计那样的计谋才行。所以在试图穿越墙垒的时候，质子并不是作为粒子，而是作为波才得以通过的。"

开始，汤普金斯先生并不能完全理解老木雕匠的话。但是转念一想他突然觉得自己很可能已经理解了："就像台球那样，起初这些球都是被放在三角形的木框里，然后突然，它们就跑到木框外面去了。同时我也总是担心老虎会从铁笼子中漏出来。您觉得它们是不是一回事呢？就是台球和老虎漏出来和质子漏进去，是不是一回事呢？"

"我是一个做实际工作的人，理论上的东西向来不是我的强项，但是我觉得应该是这样的。只要是用量子材料做成的粒子，就总能够在那些似乎无法通过的障碍物面前顺利地漏进去。"在停顿了片刻后，老人认真地问汤普金斯："你所说的那些台球，是不是用量子象牙做成的？"

"据我了解，是这样的。"汤普金斯回答说。

"唉，人类浪费了这么好的材料去玩乐，而我就只能用普通的量子橡木去雕刻整个宇宙的基本粒子——质子和中子。"老木雕匠感叹着说。

似乎要掩饰自己的沮丧一样，他继续说道："不过我能保证，这些木雕制品和那些象牙制品会一样的贵重。现在就来看看它们的本事，它们可以干净利落地穿过任何一种墙垒！”说着他便踩着长椅，从架子的顶层拿下来一个奇怪的、长相犹如一座火山口的木雕。

**它的样子很像一座火山口的模型**

老人一面拂去木雕上的灰尘，一面继续说道：“这是一个存在于原子核周围的斥力墙垒的木雕模型。斜坡代表着电荷间的静电排斥力，中间的那个洞则代表了可以将核粒子粘起来的内聚力。根据宏观世界中的经验，当对一个球的推力小于它在爬坡时应该有的力时，它便会因为无法翻过山顶而滚回来。但是看看在我们的模型身上会发生什么吧……”老木雕匠说着便将一个球朝着模型的顶部轻轻一弹，汤普金斯聚精会神地看着，本以为那个球会出乎意料地翻过山顶，没想到在它爬到斜坡的一半后就滚落了下来。

“这是怎么回事？实验失败了吗？”他不满意地问道。

“不要急，永远不要期待第一次就成功的实验啊。”老雕木匠平静地说。

在经历了第二次实验的失败后，那个球终于在第三次爬到斜坡一半的时候，突然消失掉了。老雕木匠显然有些得意，他问汤普金斯：“能猜到它跑去哪里了吗？”

“你的意思是，它已经进入那个洞里了吗？”汤普金斯说道。

“没错，它现在的确就在里面。”老人一边说着一边用手指将那个球从洞中夹了出来，“现在我们再做一次相反的实验，看看球能不能再从洞中自己跑出来。”说完，他便又将球扔回了洞中。

汤普金斯先生聚精会神地观察着洞口，认真听着洞里面任何细微的声音，一段时间过去，似乎什么也不会发生。突然，仿佛神话故事里的场景一样，那个球竟然出现在了模型斜坡的中部，又以平缓的速度滚落到了工作台上。

还没等汤普金斯先生说话，老木雕匠便解释道：“现在所发生的一切，就是放射性物质 α 发生衰变时的景象。将模型放回去以后，他又继续说道：“在后一种情景中，你碰到的是静电斥力所组成的墙垒，而并不是用普通橡木做成的斜坡。这两者从原理上讲应该是没有什么差别的。这

他又一次让那个球爬坡

种电势的墙垒，在有的时候很‘透明’，导致粒子花不了一秒钟就可以逃出来；但在有的时候它又十分的‘不透明’，导致粒子需要花费几十亿年的时间才可以逃出来，就比如说铀原子核。”

“原子核为什么并非全部是放射性的？”汤普金斯觉得自己想到了一个重要的问题。

“因为只有在非常重的原子核中，那个洞穴的底部才会高到有可能发生质子逃跑的事情。而在大多数的原子核中，洞穴的底部是要低于外界的水平面的。”说到这里，老木雕匠看了眼时钟，“都这么晚了，对不起，我该关门了……”

“啊，真抱歉打扰了您这么久，但是这一切实在是太有意思了，不过我还有最后一个问题，可以继续问您吗？”汤普金斯抱歉地说道。

“问吧。”

“就是您之前讲到的，将普通的元素变成值钱元素的做法很难奏效，因为用炮弹攻击原子核的方法成功概率非常低……”

老木雕匠笑道：“你难道还不死心，想利用原子核的物理学来发大财吗？”

汤普金斯先生有点不好意思了：“因为我觉得这对您来说并不那么难，只要放到那个由圆木筒和大木塞组成的巧妙装置里就可以了。”

“嗯，这个装置的确非常巧妙，但是事实并不是这样的，将普通的金属变成金子，这纯属是空想，我想你差不多该清醒一下了。”

汤普金斯正感到郁闷呢，就听到有人跟他说：“你该醒醒啦！”

睁开眼睛，老木雕匠已经不见了，跟他说话的却是慕德。

# 第十四章 真空中的空穴

女士们、先生们：

我们要在今天晚上讨论一个非常吸引人的内容——反物质。

要举的第一个例子就是之前提到过的正电子。我在这里先说一个事实，希望能给予大家启发。就是新粒子存在于探测到它们的好几年前，当时的人们是结合理论来加以预言的，同时也预言了新粒子的一些主要特性，这些对于用实验来发现它们起着至关重要的作用。

其中最大的功臣莫过于英国物理学家狄拉克。他根据爱因斯坦的相对论，结合量子理论的要求，推导出能量 E 的公式，最终得到了 E2 的表达式。其中最后一步是取表达式的平方根，找出跟 E 相对应的公式。我们知道，取平方根的时候，有一个正的、一个负的可能值。但是应用于物理学的问题时，人们通常将负的值看作是没有任何物理意义的。按照相对论的理论，具有负能量的电子就应该具有负的质量，然而这简直是不可思议的事情！如果给这样的粒子一个引力，它就会离你而去；如果给它们一个推力，它们则会投奔过来。这跟正质量粒子的行为完全相反。当然，我们也可以将负质量看作是没有任何物理意义的存在，而不去管它。

而功臣狄拉克的成功之处就在于，他认为电子不但可以有正能量的量子状态，同时也可以存在很多负能量的量子态。但是处于负能量的量子态应该表现出负质量所特有的表现，然而对于这样的表现我们却从来没有观察到，那么问题来了，这些古怪的电子在哪里呢？

有人马上会说，这没什么，说不定就是电子不喜欢负能量的量子态，于是就让它们永远空着了而已。这种说法当然说不通，虽然电子的一些量子能态是可以占有的，但是电子总是倾向于跳到最低的可能态，然后将它们的能量辐射出去。顺着这个思路，我们应该想到，电子随时会从较高的正能态跳到最低的负能态去。狄拉克提出了奇怪的解决方法。他认为是因为所有负能态都被占满了才导致电子最后没有跳入负能态中。

继续往下推导，假如无数个负能态被无数个带负质量的电子先占满了，为什么会看不见它们呢？这样的电子实在太多了，已经形成了一个有规则、完整的连续统，可以说它们是均匀分布在真空里了。因为一个完整的连续统是没办法探测到的，可以说它无处不在，并且在任何地方的数量都会一致。你不会感觉到它的密度是大还是小。就像它不会阻碍汽车通过空气行驶或鱼儿通过海水游行的情形一样。

汤普金斯先生听到这里感觉到困惑了。什么真空、什么虚空——被什么东西给占满了，我们的周围甚至连体内都是，可就是无法看到。于是他又做起了梦，梦中的自己似乎变成了一条在水中生活的鱼。甚至能够感受到水面上的清爽和微微荡漾的碧波。尽管他游得很娴熟，可是却越来越深地往下沉。然而他不但没觉得在水中呼吸不来，反而觉得更加舒适了。他想着：“也许这就是隐性变异的效果。”

根据生物学家的说法，生命起始于海洋，第一个迁移到陆地生活的鱼类是肺鱼，据说这种肺鱼靠它的鳍在陆地上爬行，在逐渐的进化中变成了如老鼠、猫甚至人一样的陆居动物。其中也有一些像鲸和海豚这样的生物，虽然已经克服了陆地上的生活，但最终又选择回到了海洋，因此它们仍然是哺乳动物。有一位名叫斯齐拉德的科学家不是就说过，海豚的智力甚至比人类还高嘛！

汤普金斯先生的思路这时被来自海洋深处的一段对话打断了，说话的是一个人和一条海豚。他认为那个人就是剑桥大学的物理学教授狄拉克……狄拉克的照片他以前是看到过的。

只听那只海豚说道：“听着狄拉克，你总是说我们是处于带有负质量粒子的物质介质当中，而非真空中。对于我自身的感受来说，水和空虚的空间并没有什么差别，因为水也是分布均匀的，我可以在其中自由游走。而我也听祖辈们说过一个传说，曾经我们在大陆上生活和在水里是完全不一样的，那里有很多需要花费大力气去翻越的山川峡谷，但是在水中，你看，我就可以随便选择想要去的方向了。”

听完海豚的话，狄拉克回答说：“如果没有你摆动尾巴和鳍时，海水和你身体产生的摩擦力，你是没办法行动的。由于水的压力是随着深度而发生改变的，所以你必须要靠身体的收缩和膨胀来完成下沉与上浮。一旦失去了水的摩擦力和梯度压力，你就会像在失去燃料的火箭上一样无所依靠。而我所说的带负电子的空间，是完全没有摩擦力的，只有在缺失某个电子的情况下才得以用物理观察仪器看到，一般情况下，它是无法被观察到的。

“电子海洋和普通海洋之间有一个重要的区别，明白了这个差别才不会被这个比喻带远带偏。形成我所说的电子海洋必须服从泡利的原理。也就是一旦所有的量子能级被占满的时候，就不可以再向这个海洋里添加电子了。哪怕是一个多余的电子，也会被排除至海洋的表面上，因此也就容易被实验观察到了。

“这里所说的多余的电子包含了围绕电子核旋转的电子和通过真空管飞行的电子。1930 年，我的第一篇论文还没有发表的时候，人们认为我们以外的空间都是空虚的，只有溢到水平面以上的水花才具备物理学的现实意义。”

“但是，”海豚听了狄拉克的话说道，“这样一个没有摩擦力、无法观察到的电子海洋，你去研究和谈论它，到底有什么意义呢？”

狄拉克说：“那我们来做个假设，有一个负质量的电子迫于外力而从海洋内跑到了海平面以上，由于它的离开，使得海洋形成了一个可以观察到的空穴。”

“是不是就像那个气泡一样？”海豚指了指慢慢飘向海面的一个气泡说道。

“是的，”狄拉克说道：“我们能看见的不仅有从海洋中飘出的带有正能量的电子，还有留在真空中的空穴。这个空穴之所以存在，是因为少了之前存在的东西。如果你没有听明白，我再举个例子来说明：跑到海面上的那个电子是负电荷的，因此在它原来存在的那个均匀的系统中便缺少了一个负电荷，于是便等量地出现了一个正电荷。同时，因为缺少了一个

**我的海洋是没有摩擦力而且处处均匀的**

负质量，于是便出现了一个质量相同的正值。可以说，这个空穴的表现和一个正常的可触摸到的粒子没有什么差别。其行为和带着正电荷的电子一样。因此我们才称它为正电荷。由此我们也了解到了在空间的同一点上和同一时间里电子对的产生。

海豚说："这的确是个优美的理论，但是事情果真是这样的吗？"

"请放下一张幻灯片。"教授那高昂又熟悉的声音将汤普金斯先生从美梦中唤醒。只听教授继续说道："我已经说过，打乱它，是唯一能够探测到那种连续系统的方法。假设在连续的系统中敲击出一个空穴，这个时候你便知道整个连续统是无处不在的，只有这个空穴是个意外。这些就是狄拉克先生提出来的建议：去那个空虚的连续空间里打个洞吧！这里的这张图片便可以告诉大家，这个事情已经被做到了！

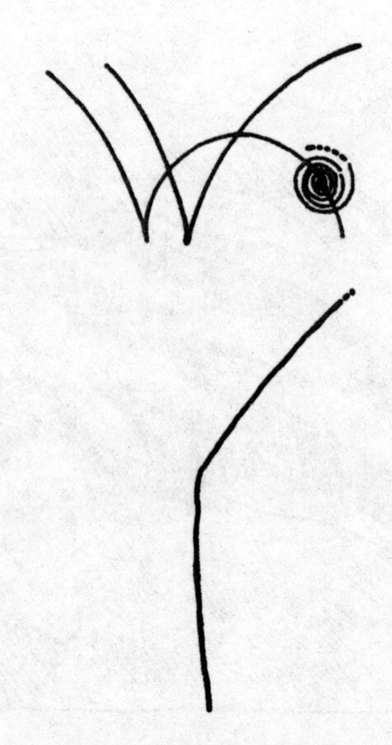

两个 V 字的下端都指向原先相互作用的地点

“提前说明一下，气泡室是由美国的物理学家格莱泽发明的，因为这个重要的发明，他获得了 1960 年的诺贝尔物理学奖。气泡室就是一种粒子探测仪器，内容和威尔孙云室相反，是在粒子经过的地方产生小气泡（云室是通过粒子经过的地方产生小水滴）。据说这个发明的灵感来源于格莱泽一次在酒吧的经历。那天，郁郁寡欢的格莱泽坐在酒吧里注视着眼前的啤酒瓶。看着酒瓶中冒起的气泡，他突然联想到，既然威尔孙能够通过气体中的液滴来研究粒子，自己为什么不可以通过液体中的气泡来研究粒子呢？和威尔孙的实验相反，他可以通过降低对液体的压力，使其在变热的过程中沸腾。气泡室所起的作用就是，通过液体产生的气泡来标志出带电亚原子粒子的尾迹。”

教授继续说道：“现在播放的幻灯片显示了正电子对这两个电子的产生。其中一个电粒子进入了这张图片的底部。它在那处拐弯的地方发生了一次相互作用，导致那个带电粒子离开原来的路径向后边拐去了，同时还产生了一个中性的粒子。中性粒子随即变成了两束高能的 γ 射线。第二个粒子和 γ 射线都电中性的，不会留下任何气泡，因此是你们所看不到的。再往后，每一束 γ 射线又各自产生一个正电子对，即图片上端的那两个 V 字形的径迹图形。此处需要注意的是，两个 V 字的下端，都是指着开始时相互作用的地方。

“仔细观察，所有的行迹都是有规律可循的，不是朝着这一侧，就是弯向那一侧。这是因为在那个时候已经沿着我们视线的方向对气泡室施加了强大的磁场，正是在这个磁场的压力下，带正电运动的粒子能够朝着逆时针的方向拐去，带负电运动的粒子能够朝着顺时针的方向拐弯。但是有些径迹会弯得更厉害一点，这跟粒子的运动量有关，粒子的运动量越小，其径迹的曲率便越大。现在你们应该会有这样的认识，看似简单的一张气泡室照片，其中充满了各种各样的线索，就是这些线索指引着我们继续探索！

“看到这里，你们也应该明白了怎么才能从真空中打出一个洞穴了，是不是想再继续探索后面会发生什么事？”

汤普金斯先生听到这里时并不感到奇怪，因为他的思维已经到了将自己变为一个电子的境界里了，并且在惊恐地准备躲避开那个好战的正电子。而教授的演讲还在继续：

“正电子在表现上与正常的粒子没有多大的差别，但是一旦它遇到一个带负电的普通电子，便会立刻进入这个空穴里将它填满。有空穴的连续统也因此恢复了原状，电子和正电子也会立刻消失，我们将这个过程叫作正电子和负电子的互相湮没。二者在结合时会释放出能量，这种能量则以光子的形态被发射出去。

“我刚才一直把电子说成从狄拉克海洋中溢出的东西，而把正电子当作这个海洋中的空穴。但是，我们也可以把这种看法反过来，把普通电子看作空穴，而让正电子扮演被溢出的粒子的角色。不管是从物理学观点还是从数学观点来看，这两种图像都是绝对等效的，无论选用哪一种图像，实际上并没有任何差别。

“其实，电子并非独一无二地具有反粒子（我们称之为正电子）的粒子。与质子相对，也有一种反质子。正像我们可以预料到的，它的质量正好与质子相同，但却带有相反的电荷，换句话说，反质子是带负电的。反质子可以看作是另一种连续统中的空穴。这一次，这个连续统是由无穷多个带负质量的质子组成的。事实上，所有各种粒子都有其反粒子，我们把后者统称为反物质。

“现在有这样一个问题：如果说在我们所居住的这一部分宇宙，物质在数量上明显地占优势，那么，我们是不是应该设想在宇宙的某个其他部分，情况会恰好反过来呢？换句话说，从狄拉克海洋中溢到我们周围的水花，是不是要靠某个什么地方缺少这种粒子来作为抵偿？

“这个极有意义的问题是很难回答的。事实上，由于由带负电的原子核和围绕它转动的正电子所构成的原子，应该具有与普通原子完全相同的光学性质，我们就没有办法靠任何光谱分析来解决这个问题了。就我们目前所知道的情况而言，构成（比方说）大仙女座星云的物质，就非常可能是属于这种颠倒型的。不过，唯一能证明这一点的办法是把一块这样的物质拿到手，看看它在同地面上的物质接触时究竟会不会发生湮没。当然，这将是一种极其猛烈的爆炸！

“其实，最普通的办法就是对一个由物质构成的星系、一个由反物质构成的星系，在互相碰撞时进行观察。这时，一个星系的电子与另一个星系的正电子会发生互相的湮没，随之会产生大得惊人的能量。可惜经过观测后，还没有得到可以证明这种情况的证据。所以，研究者们认为，最保险的方法就是：假设宇宙中的所有物质全部属于同一种类型。否则，宇宙中的星系就应是由一半物质、一半反物质所组成。

“目前，也有人提出一种假设性的揣测：很可能只有在宇宙最开始的时候，其中的物质和反物质的数量才是相等的，随后因为大爆炸等一系列的原因，各种相互间的作用只对物质的存在有利，而并不利于反物质，因此才出现如今宇宙中的不平衡。”

# 第十五章
# 参观原子粉碎机

汤普金斯先生兴奋极了，因为教授安排他们去参观世界第一流的高能物理实验室。他马上就可以看到原子粉碎机了！

早在几星期前，每个将去参观实验室的人都得到一本小册子，是从实验室发来的。汤普金斯先生也提早做了功课，册子从头到尾被他仔细地研读了一遍。可是更多问题的出现让他越来越糊涂了，因为里面全部是有关胶子、夸克、奇异性、能量变物质和大统一等理论的想法，这些高深的科学内容似乎能够解释得了一切，却偏偏让他搞不明白。

终于到了参观实验室的这一天，进入候参室等了一会，便有一位二十五六岁的导游匆忙赶过来。汤普金斯先生觉得导游的眼睛非常明亮，看起来是位很热情的女孩。在表达了对参观者的欢迎以后，她开始自我介绍说，自己是汉森博士，是实验室中一个研究小组的成员。

“在参观加速器之前，我想提前介绍下这里所需要做的工作。”

话音刚落，有一只手便犹犹豫豫地举了起来。

“有什么问题吗？”汉森博士问他。

“听您刚才说‘加速器’，那么我们不能也去看看原子粉碎机吗？”

汉森博士稍微流露出奇怪的表情，说道：“这正是我要讲到的，因为加速器就是平时报纸上所报道的‘原子粉碎机’。但是那种叫法属于一种误导，在实验室里，我们并不这样叫它。像把一个原子粉碎，敲出它的一些电子，甚至是粉碎原子核这样的事情，对于我们这里来说都是比较容易的，因此我们将它称作‘粒子加速器’。”

说完她环顾了下听众问道：“还有什么问题的话，可以随便提问。”看见大家都没有反应，于是她继续说道：“那么好的。我们的最终目标是要了解到物质的最小构成单元，并且知道将这些最小的单元结合在一起的物质是什么。我们都知道物质是由分子组成、分子是由原子组成、原子是由原子核跟电子组成。电子没有其他的组成单元了，被认为是基本的粒子，而原子核则是由质子和中子组成。这些基础的知识大家应该都了解过了，是吗？”

**实验室一个研究小组的成员**

参观者都点头，表示是这样的。

“那么，我们继续下一个问题……”

“……请问，质子和中子又是由什么单元组成的？”有位女士终于鼓起勇气问道，“我们应该将它们粉粹掉来寻找答案吗？”

“可以说是这样的，过去我们发现分子、原子以及原子核的结构，用的就是粉碎的办法，就是用类似‘子弹’一样的东西，通过射击来击碎它们。因此，我们一开始就试着再次使用这种方法来射击质子或电子，希望能将质子撞碎，让它能分裂成几个组成部分。”

“后来的结果是什么呢？”那位女士接着问道，“质子被撞碎了吗？”

“并没有，无论所发射出的子弹能量有多高，质子从来都没有被撞碎过，但是却出现了让人意外的结果，撞击产生出一些新的粒子，这些粒子是以前并不存在的。举例来说明，当两个质子相撞击时，结果可能得到两个质子和另外一个粒子，我们称它为 π 介子。π 介子的质量应该等于电子质量的 273.3 倍，即 273.3me。这个过程可以用下面的公式来表示……”

说着，汉森博士便走到一个图板前，在上面写下公式：

$$p + p \longrightarrow p + p + \pi$$

一位年纪较大的参观者此时举起了他的手说道：“这虽然是很久之前的事情了，可是我还记得住，我在中学的物理课上学过，物质是不能产生也不能消灭的。所以您说的无疑是不被允许的。”

汉森博士回答说：“我想你在中学学到的东西，无疑有一种是错误的。”她的话音刚落便引起一阵笑声。

“但是那并非是一个完全的错误，这一点仍然是对的。只是，运用爱因斯坦的著名公式 $E = mc^2$，我们同样可以借用能量来产生物质。让能量来产生物质，我想你们以前多少会听说过吧？”

大家互相看了一眼，无法确定有谁听说过这事。

于是汤普金斯先生主动说道：“我不敢说曾经听到过这样的事。”

“好吧，”汉森博士解释说，“爱因斯坦认为，我们是不可能将粒子加速到一个比光速还快的速度，想要更加理解，就应该知道当粒子的运动速度加快时，它的质量也会增加，因而使其在进一步加速中变得更加艰难。”

“哦，这件事我们是听说过的。”汤普金斯先生非常高兴地说。

“那太好了，接下来你们要了解的就是，正在加速的粒子，除了质量会越来越重以外，它的能量也会越来越大。$E = mc^2$ 这个公式，实际上意味着质量 m 和能量 E 是相互联系着的。所以，当质子在加速得到更多能量的时候，我们就应该想到，它的质量也会随着能量的增大而增大。这就是有的粒子变得越来越重的原因。所多出来的质量是因为后来更多的能量的影响。”

“可我还是不明白，”年纪较大的人继续坚持道，“既然多出来的质量来源于多出来的能量，那么如何解释粒子在静止的时候就已经有的质量呢？因为那个时候它也并没有什么能量啊。”

“这个问题问到关键点上了，我们还需要了解的是：能量有热能、动能、万有引力的势能和电磁能等。物质本身就是一种形式的能量，可以看作是一种被禁锢的或是被冻结了的能量。因此，没有运动的粒子的质量来源于其被禁锢的能量。”汉森博士继续说道，“所以，前面所讲的在撞击中所发生的现象，就是射击粒子的动能向被禁锢能量的转化，也就是 π 介子的被禁锢能量。所以我们得到碰撞前后完全相等的能量和质量。我所说的情况，只不过是有一部分能量以另一种形式展现了，对吗？”

大家听了都点头表示认同。

“那么，我们确定这个了 π 介子的存在，下面再来重复这个实验。经历多次的碰撞，我们可以得到什么呢？结论就是质量为 273.3me 的粒子是能够创造的，但是质量为 274me 或 275me 的粒子却从来没有被得到过，我们没办法创造出质量任意大的新粒子来。那么就没有更重的粒子了吗？

答案是有！但是它们只允许它们具有特定的质量。事实上，至今为止已知的粒子就有 200 多种了，并且还存在有它们的反粒子。其中确实有些比质子更重的粒子，比如 K 介子的质量为 966me，Λ 粒子的质量为 2183me 。我们估计，粒子的种类应该是无限多的，目前能做的事情，就取决于在碰撞试验中可以得到多少能够使用的能量。因为得到的能量越多，所产生的粒子也就越重。

“既然有新粒子的产生，我们就该检测一下它们是什么样的性质。这当然不是说我们就对质子由什么元素构成不感兴趣了。是因为我们发现，想要探测到质子的结构，重点并不在于如何将质子击碎，而是要先弄明白新的粒子，因为所有这些新粒子都是质子的亲戚，所以我们可以通过研究一个人的家庭背景去更好地了解认识他，也就是通过考察质子和中子的亲戚——粒子，来更好地了解它们的组成。

“你们也一定想知道结果，我们有什么样的发现吧？新粒子也有质量、能量、动量、电荷和自旋角动量。除此以外，它们还具备质子和中子所没有的性质，即‘粲数’和‘奇异数’等。每一种独特的性质都有其严格的科学定义，所以大家可别被这些奇怪的称谓迷惑到。”

讲到这里，人群中又有人举起了手说道：“您所说的‘新的性质’是什么意思呢？我们要讨论的又是哪一种性质呢？该如何去辨认出这种性质？”

“这个问题非常好！”汉森博士停了下来，并陷入了片刻的沉思。

“下面就让我试着用这个方式来向大家做进一步的说明。先从大家比较熟悉的性质讲起。大家可以来考察一下这个产生了一个不带电 π 介子即 $\pi^0$（右上角的符号代表粒子带有的电荷）的反应：

“$$p^+ + p^+ \longrightarrow p^+ + p^+ + \pi^0 \qquad (i)$$

“一般情况下，我们是不会在 p 的右上角写上 + 号的，但是有一些以后大家才会清楚的原因，所以我就不将 + 号省略掉了。这里还有一个产生

负 π 介子，另一个产生不带电的 π 介子的情况发生：

“$p + n^0 \longrightarrow p^+ + p^+ + \pi^-$ （ii）

“$\pi^- + p^+ \longrightarrow n^0 + \pi^0$ （iii）

“其中 $n^0$ 代表的是中子。以上介绍的这三个反应全部可以实现。但是下面这个反应却无法发生：

“$p^+ + p^+ \not\longrightarrow p^+ + p^+ + \pi^-$ （iv）

“现在仔细想想，为什么前三个反应是可以发生的，而第四个却绝不会发生呢？你是如何看待这件事的？”

有一位年纪较轻的学生回答说：“会不会因为电荷发生了错误？因为在第四种情况中，左边是两个正电荷，而右边多了一个负电荷，两边没有达到平衡啊。”

“是的，作为物质的一种性质，电荷应该是守恒不变的，也就是说，反应前后的净电荷必须相等。但是第四个公式却不是这样的，所以它不能发生。再看看下面的这个反应，涉及带电的 Λ 粒子和带正电的 K 介子这两个新粒子：

“$\pi^+ + n^0 \longrightarrow \Lambda^0 + K^+$ （v）

“这个反应已经被观察到了，与其相反，下面的这个反应是绝对不会发生的：

“$\pi^+ + n^0 \longrightarrow \Lambda^0 + K^+ + n^0$ （vi）

“想要产生右边的几个粒子，左边的粒子在开始时必须是不同的：

“$p^+ + n^0 \longrightarrow \Lambda^0 + K^+ + n^0$ （vii）

“假如左边的粒子在开始的时候用的是上面的初始组合，那么下面的这个反应也是绝对不会发生的：

“$p^+ + n^0 \longrightarrow \Lambda^0 + K^+$ （viii）

“但是这种情况是没法说通的，从能量理论的角度上看，产生（$\Lambda^0 + K^+$）应该比产生（$\Lambda^0 + K^+ + n^0$）要容易。可问题是，到底是什么东西的存在导致（vi）和（viii）的反应没办法发生呢？”

博士的眼睛又从大家的脸上扫视了一圈，继续说道：“是跟电荷守恒原理有关吗？”

大家都摇摇头。

汉森博士说道：“嗯，不是的。这一切的确跟电荷守恒没什么关系。那么大家对于‘两边的电荷是平衡的’情况有什么想法吗？”

底下非常安静，大家都听得有点发愣。

“其实，正是因为这点，才将我们引入粒子具有一种新性质的想法当中。我们将这种新性质叫作重子数。出自希腊文当中代表‘沉重’的名词。我们用字母 B 代表重子数，规定了各个粒子具备下面的 B 值：

“$n^0$，$p^+$，$\Lambda^0$ 全都具有 $B=+1$

“$\pi^0$，$\pi^+$，$\pi^-$和 $K^+$ 全都具有 $B=0$

“前一组的粒子被我们称为‘重子’，后一组的粒子被我们称为‘介子’，同样出自希腊文当中表示‘中介’的词。（像电子这样特别轻的一些粒子，都被称作‘轻子’。）

“各个粒子的 B 值都被规定好了，现在我们就来假设 B 是守恒的，在碰撞前后的重子数量总和必须相等。现在再来看看前面的那些反应，可以证明的是，发生过的反应是 B 守恒反应，B 不守恒的反应则是不会发生的。”

就这样，经过两分钟的加减运算，参观者们开始一边点头，一边小声表达对汉森博士观点的赞同。

“正是因为 B 的不守恒，有些反应才不可能发生；不能发生的反应又告诉我们这种新的性质 B 的存在。这种性质表现为，像电荷、动量或能量那样必须在碰撞中保持守恒。”

观察者们对这样的说法表示同意，然而汤普金斯先生却面露怀疑的神色。

“有什么问题吗？”注意到他的态度后，汉森博士问道。

“不是问题而是评论，因为我没办法信服你的话。坦白说，我认为那些言论纯属胡扯。”

“胡扯？”博士显然有点慌张了，她再次确认自己的耳朵没有听错。

“是的，那些粒子的重子数值，可以告诉我是从哪里弄出来的吗？你选的那些数值是不是就是为了得到想要得到的结果？给不同的粒子安排上 B 值，是不是就是为了让合适的反应得以发生，让另外一些不可能再发生了？”

大家全都惊讶地盯着汤普金斯先生，对他的说辞感到紧张。

“太好了！”汉森博士笑着说，“这是如何找出重子数的方法。我们正是通过仔细观察那些会发生的和不会发生的反应，才得出适合于它们的那些重子数规定。

“现在还有比规定重子数更加重要的事情，既然我们已经可以利用少数几个反应来找出规定重子数的方案，那么我们也可以进一步做出预测，得知其他反应可不可以发生了。像这样的预测可以做出千万个来。”

看见汤普金斯先生还是不信服的样子，博士又继续说道：“这样来说吧，有一次，一个研究小组发现了一种带负电的新粒子，称作 $X^-$粒子。反应如下：

$$“p^+ + n^0 \longrightarrow p^+ + p^+ + n^0 + X^- \qquad (ix)$$

“那么该如何运算它的 B 值呢？”

大家开始进行数学运算，终于有学生小声地说：“等于 –1。”

“没错！在这个反应式中，左边的总 B 值是 +2，右边的总 B 值为 +3，为了保持两边的平衡，$X^-$粒子就必须有 B = –1。现在我们已经懂得如何利用反应式找到 B 值了，也可以说这就是‘胡扯’的效果。”博士说着故意看了一眼汤普金斯先生，“研究出这种带负电新粒子的研究者，又进一步宣布说，产生 $X^-$粒子以后，它会直接加入下面的反应中：

“$X^- + p^+ \longrightarrow p^+ + p^+ + \pi^- + \pi^-$ （x）

“你们认同这种说法吗？”

参观者们便机械地点头，可是经过一阵悄悄的交谈之后，便有学生开始试着摇头否定了。

“为什么？难道你们不相信这个结果的正确性？”

小声讨论又继续了，然后一个学生出来说道：“如果 $X^-$粒子的 B 值等于 –1，那么在这个新反应的前后，总 B 值就会出现不平衡的情况，也就是说，这个反应是不可能已经被实现的。”

“太好了！十分正确。这的确是骗人的！事实上，$X^-$粒子参加的是下面这个反应：

“$X^- + p^+ \longrightarrow \pi^- + \pi^- + \pi^+ + \pi^+ + \pi^0$ （xi）

“你们推算一下，这下子是不是就平衡了。所以说，现在你们已经懂得利用重子数的概念，并且做出了一个预测，预测出（x）是不会发生的反应。”

汉森博士又转向汤普金斯先生问道：“现在，满意了吗？”

汤普金斯先生笑着露出了牙齿，并点了点头来作为回答。

“事实上，$X^-$粒子就是反质子，我们通常用 p 来代表它。因为质子与反质子在质量上相等，但是其电荷和 B 值却跟反质子是相反的，所以反应（xi）其实就是质子与反质子互相湮没的一种典型方式。接下来，我们来获得另一个概念，首先，来试试下面这个永远不会发生的反应：

“$K^+ + n^0 \longrightarrow \pi^+ + \Lambda^0$ （xii）

“通过运算，你会发现，两边电荷与重子数的总和正好相符。可是前面已经说过了，这样的反应是不会发生的。现在你们来想想这到底是怎么回事？”

“是因为牵涉到另外的性质吗？”慕德在认真思考后，终于大胆发表了她的见解。

“嗯，你说对了。它就是被我们用S来表示的叫作奇异数的因素。我们用字母S来表示它。$K^+$的S=+1；$P^+$，$n^0$，$\pi^-$，$\pi^0$和$\pi^+$都是S=0；而$\Lambda^0$和$K^-$则是S=-1。”

“需要注意的是，普通的质子和中子里是没有奇异数的。得到带有奇异数的粒子方法是，同时产生两个或多个粒子，其中一个带有S=+1，另一个带有S=-1。只有这样，它们的S组合的和，才正好等于原来的零。

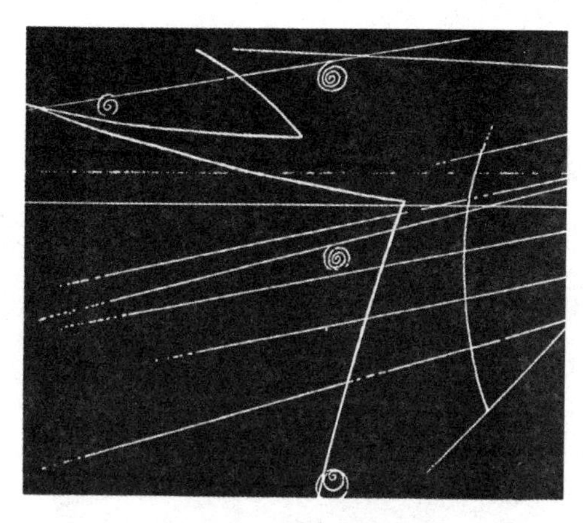

一个成对产生的事件

“奇异数这个名字的由来，是在还不知道S和S必须守恒的时候，人们发现这种粒子总是彼此联系、成对地产生，觉得非常古怪和奇异，于是便有了这个名称。你们的小册子里就有一张关于粒子成对产生的照片，我想你们现在更想好好看看它了。总之，从发现了奇异数以后，人们又陆续认证出如粲数，顶数和底数这样的性质。”博士陆续讲解着在小册子里出现的那些看似难懂的新名词。

“可以说，我们从碰撞中发现的每一个粒子，都带着特定的标签。举个例子来说，带有正电荷的质子，即Q=+1；B=+1，S=0，所以它的顶数、粲数、底数全都等于零。也许你会想，这些东西的确很吸引人，但是它们又跟开头所说的寻找质子和中子结构存在什么联系呢？之前也说过，我们可以通过考察质子的家庭关系，也就是这些新的粒子去了解它最终是由什么组成的。所以我们才进行了一系列的侦探研究工作。研究中我们的最基本想法就是，将具备共同性质的粒子，如相同的自旋、相同的 B 等，收集起来。再根据它们另外两个性质上的值来进行排列。这里所说的另外两个性质，其一就是上面我们提到过的 S，另一个性质是'同位旋'，出自名词'同位'，加上'旋'这个字，是因其在数学上的表现跟旋转非常相似。我们用 Iz 来代表它，具有 Iz = + 12 和 Iz = – 12 的特征。

"实际上，很多粒子具有相同的强项和几乎等同的质量，彼此极其相似，导致人们容易将它们看成是同一种粒子的不同表现形式。例如人们容易将质子跟中子看成是核子的两种形式，其中一种形式具有电荷 Q = + 1，另一种形式则有 Q = 0。

"另外，对 Iz 的定义，是根据 Iz = Q – Q 的关系式，其中 Q 是粒子的电荷，另一个 Q 是该粒子所归属的多重态的平均电荷。例如，质子的 Q= + 1，而中子的 Q=0 的话，他们的多重态的平均电荷 Q1 + 20 = 12，中子 Iz = 0 – 12 = – 12 。

"现在我们就要将带有某些相同特性的粒子收集起来，然后根据各自的 S 值和 Iz 值进行有序的排列。就像这样……"

汉森博士在图板上画出由粒子布阵排列的草图：

"图形是一个集团，由八个都具有 $B = +1$ 和 $^{1}{}_{2}$ 自旋重子而组成。这里需要注意，这个六角形的图案中有两个粒子，包含有质子和中子。在排列完成后，可以看到，质子和中子只是由八个个体所组成集团中的两个成员。"

"再来看看这个……"汉森博士说着又在图板上画出了第二个草图。

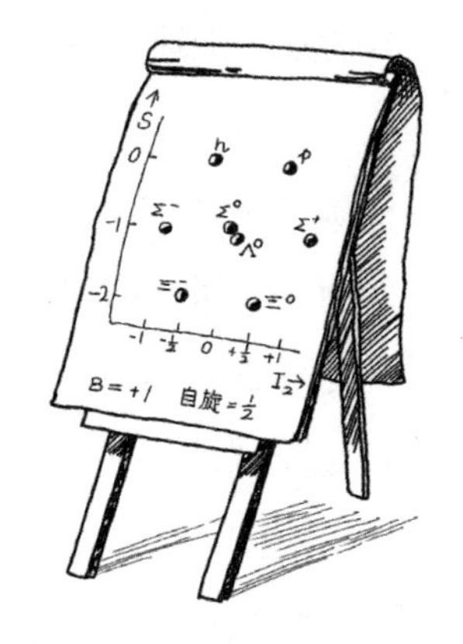


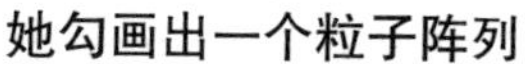
她勾画出一个粒子阵列

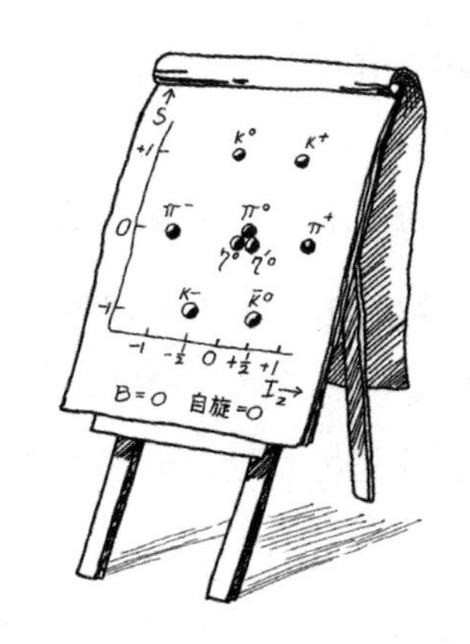


同样完整的六角形

“这个介子家族，是 $B$=0、自旋等于 0 且包含有 π 介子的。同样是一个完整的六角形，也是由八个个体所构成。区别是在中心位置多出一个单态粒子。这是从数学领域名叫‘群论’的学科中得出的结论，得到这样重复出现的图形并非是一个巧合，在数学家看来，这绝对有着重要的意义。因为群论很少被运用在物理学中。人们把这个图形叫作‘*SU*（3）表象’。*SU* 就是 Special Unitary（特一元）的缩写，用来描述对称性的本质，而‘3’意味着三重对称性。再来看看，当我们将这个图形旋转到 120°、240° 和 360° 时，是如何能得到相同图形的。

“*SU*（3）理论除了给我们带来这个六角形的八重态结构以外，还让我们对其他三重对称性图形的产生有了指望。在介子的情况下，也一样会有由八个个体组成的图形，然后也有来构成三角形的十重态，等等。”

汉森博士刚讲到这里，便被敲门的声音打断了。她笑道：“十分抱歉，只好到这里了，因为我们的公共汽车来了。不过相信在以后的讲座中，你们肯定会收获关于 *SU*（3）表象的说明的。”

汽车在行驶了很长时间后，终于在一座看起来很简陋的建筑物前停下来了。

汤普金斯先生感到一点点失望，于是问导游："加速器就放在那个房子里吗？"

汉森博士笑了，摇摇头说："不是的，准确地说是放在那个房子的下面了。"她朝地面指了指说道，"在地下大约有 100 米深的地方。那座房子只是到下面去的入口而已。"

在建筑物里乘坐了电梯到达底层。参观者们发现已经到达了加速器隧道的入口。

"在进去之前，我要在此处为大家做一个小小的演示。你们中的大多数人可能都没有认识到，在你们的家里就放着一台粒子加速器。来看这里。"导游的手指向门口的一台监视器说，"在电视机的显像管中，就有电子被热的灯丝蒸发出来，受到电场的加速后才撞击到荧光屏幕上。因为这个电场是由 20 000 伏的电压降产生的，所以我们说被这个电场加速后的电子具有了 20000 电子伏（eV）的能量。

"eV 是我们所用的基本的能量单位，因为这个单位太小了，我们还用兆电子伏（106 电子伏，即 MeV），或 $10^9$ 电子伏（GeV）这样比较方便去处理的单位。这里要了解的是，一个质子中 938MeV 的能量接近于 1GeV。因为一般我们会将粒子的质量看作是它的能量当量，而非电子的质量，所以质子的质量就为 938MeV/$c^2$。"

她继续说着："我们将要看到的粒子加速器也可以用来加速电子，只不过产生的能量要远远高于这台监视器，可以产生前面提到过的那些粒子。实际上，加速器需要相当于 $10^{11}$ 或 $10^{12}$ 伏的电压降，才能达到成百上千的 GeV 的能量。想想绝缘的问题你就会更好地理解，为什么我们又没法子产生出和维持住如此高的电压。现在我们要看看这个，所以稍晚点我再跟你们解释是如何绕过这个难题的。"

汉森博士说着从衣服口袋里取出一个东西，并拿着它在监视器前晃了几下，奇特的情况出现了，监视器的显示屏立马模糊了起来。

她解释说："这是一块磁铁，因为磁场是可以迫使粒子转弯的因素。这也是我们想要去实现的另一个想法。但是，回到家以后，千万别去重复这个实验，你会将家里的彩电给毁了的，却得不到太多，顶多就是磁铁可以对电子束产生作用的一个永久性纪念而已。但是在这样黑白电视机的监控器上施行磁铁的实验，却是安全的。好了，现在我们可以进去了。"

经过最后一条通向隧道入口的过道后，大家看到同地下铁路差不多大的隧道。对着隧道的入口，则是一条长长的、直径大概 10 ～ 20 厘米的金属管，这条管子顺着隧道的全长延伸着，这时汉森博士解释说："这个管道就是提供给粒子来进行运动的，因为途径很长，粒子又不被允许碰到任何障碍物，所以管道就一定要抽成真空状的，并且管道里面的真空度要比外层的空间更高一点。"

在管道上又出现一个包着管道的匣子，博士指着它说："这是一个铜质射频腔。它是中空的，负责用产生的电场来对经过的粒子进行加速。不要以为这个电场有多么强，它差不多和那台监控器中的电场一样大。有人肯定会问，那怎样才能得到所需要的那种非常巨大的能量呢？下面我们就朝管道的那头看，有没有注意到管道外形的变化？"

听了博士的话，大家都聚精会神地凝视着远处。

"好像它变弯了，但是非常不明显。"一个年轻人说道。

"是的，你说对了！这条隧道包括作为加速器的管道，都是弯曲的！实际上，从整体来看就是一个空心的圆形。我们现在看到的只是这个圆的很小一段，实际上，这个管道的周长有数十公里。电子必须沿着这样庞大的圆形跑道运动，最终也会回到出发的地方，在那里再次受到冲击而加速。因此我们才不需要那样巨大的电压降了，而是使粒子一次一次地被冲击加速。有没有觉得这种方法非常巧妙？"

听众们纷纷表示赞同。

"现在问题又来了，你们想想，该怎么做才能将粒子的道路变成一个圆呢？”

“根据你刚才对监控器的做法，我想一定是需要用到磁铁了。”汤普金斯先生回答道。

“是的！”她来到一块将管道包围起来的大铁块面前，说道：“这块磁铁的两个磁极，一个在管道的上方，一个在下方。所以产生一个竖直的磁场，致使粒子在水平面上转弯。仔细观察这个隧道，便能发现有很多这样大小相同的磁铁，它们正好铺成一个圆环，使得粒子得以沿着圆形的轨道运动。

“接下来的问题是，我们之前说过，改变粒子路线的磁场大小，取决于粒子的质量和速度的乘积，也就是粒子的运动量。但是因为受到加速的影响，粒子的运动量是处于不断增大状态的。换句话说，要想让粒子一直沿着圆环运动的话，会变得越来越艰难。对这个问题我们是这样解决的：供给电磁铁的电流要随着粒子动量的增大而不断增大，从而使两个磁极之间的磁场强度也不断增大。只有保证磁场强度的增大与粒子动量的增大一致，才能保证粒子沿着相同的轨道运动。”

粒子在这种管道内运动

“明白了，这一定是将它叫作‘回旋加速器’的原因了。”一位年纪较大的绅士说道。

“你说得很对，这就好比是链球比赛一样，链球需要一次又一次地绕着圆形旋转，所以速度会变得越来越快，同时链条也绷得越来越紧。”

“这些粒子最后会被放出

去吗？你们会让它们最后跑到某个地方去吗？”

“事实是，过去我们会这样做，但是现在就不一样了。过去，当粒子到达最大能量的时候，我们会通过激活一个磁铁或是建造一个电场来将粒子发射出去。这些发射出去的粒子会被射到铜靶或钨靶上，在那里产生出新的粒子来。接着我们会利用更多的电场或是磁场，按照粒子们的种类来将它们分开，最后的步骤是，再将它们引导进一个探测器中，这个探测器跟气泡室有点相像。

“但是这种方法的利用效率不是很高。我们已经知道，在碰撞过程中，能量和动量都必须是守恒的。因此，所射出的粒子的动量，必须要传递给碰撞后的粒子才能守恒。问题是，碰撞到的粒子如果不具备动能，就不可能接受动量。所以实际上，入射粒子需要有一部分的能量被扣下来，所扣下来的能量将作为储备，在以后转交给新产生的粒子作为动能，使它们得以进一步运动。

“现在这个加速器的优点就是，它可以有两束朝着相反方向运行的粒子，能够彼此相撞，从而抵消掉另一束粒子上方向相反、大小相同的动量。这样的话，两束粒子上的能量便可以全部用于产生新粒子了。这就好比两辆碰头相撞的行驶的汽车一样，其相撞的程度，相较于其中一辆汽车静止要猛烈太多了。在一辆车静止的情况下，只不过好似火车有一节脱轨而发生方向上的改变。”

慕德问道：“那么，你说的意思难道是，这里面有两台加速器，每台里面有一个粒子束，是这样吗？”

“哦，不是的。那样太麻烦了。这样说吧，同一个带负电粒子的磁场，负电粒子在其中转弯的时候，正好和其中带正电粒子转弯的方向相反。我们所做的，就是利用同一组的加速腔和磁铁，使得正粒子得以沿着一条路线运动、负粒子得以沿着另一条路线运动。想要保持两种粒子准确地在各自的轨道上运动，就一定要让它们具备同等的动量。也就是说，两组粒子必须具有相同的速度和相等的质量。这正是我们采用正电子和反向回旋电子的原因。另一个相同组合的是质子和反质子。

“两束粒子就这样在不同的方向上一圈又一圈地进行回旋加速，直至能够达到最大的能量值，便会被引到指定的某点上进行面对面的碰撞，同时，我们在这个点上安装有探测仪。”

那位年纪较大的人又提问了：“既然这种头对头的碰撞是如此有成就的方法，你们开始的时候为什么要费心去考虑固定靶的方法呢？”

“这是因为碰撞粒子束的方法存在一个困难——很难得到有足够大强度的质子束和反质子束。尽管我们已经将它们尽量集中为如铅笔那样的窄束，但是当两束相遇时，大多数的粒子还是不会碰到另外一束的粒子就从交点处飞走了。所以只有特别巧妙的聚焦磁铁技术才可以制造出相当数量的碰撞概率。”汉森博士指着一块长相与众不同的磁铁说道：“喏，这里就是一块聚焦磁铁，它跟普通磁铁的区别是拥有两对磁极。”

听到这里，有一位女士问道：“这台机器为什么会比别处的大呢？”

“噢，你们应该知道，粒子能量越增大，就会变得越难以控制，而磁铁所产生的最大磁场是有限的，所以为了使粒子束沿着圆形的轨道运动，就必须要增加这种磁铁的数量。我们所用的每一块磁铁都规定为大约 6 米的物理尺寸，所以必须使用的磁铁数量大约为 4000 块，并且粒子的能量越高，这个圆就要越大，再加上加速腔和聚焦磁铁的面积，所有这一切决定了圆的大小。”

“那么，现在的加速器中是不是有粒子正在回旋运动呢？”一个学生问道。

“天啊！不是这样的！”汉森博士喊了起来，“在加速器运转的时候，辐射强度特别高，所以任何人都是不被允许进入这里面来的。因为现在是例行的关机维修时期，大家才有机会进来参观。”汉森博士说着又看了看手表，“现在我们该继续往前参观了，请跟着我去看看粒子束发生碰撞的地点吧。在那里我们还有机会可以看到一些探测仪器。”

在经过一大串似乎没有尽头的磁铁以后，大家终于来到了一个巨大的地下洞穴处，这个洞穴是由隧道扩展而成的，中间矗立着有两层楼那样高大的物体。

汉森博士于是宣布说：“看！这就是探测器，大家觉得如何？”

于是参观者们纷纷表达了自己的想法。

在看到有两个学生准备往探测器上爬的时候，她马上喊道：“喂！请

一个像两层楼那样大的物体

不要乱跑！有物理学家和技师们正在按照严密的计划进行工作，并且需要在短暂的时间内完成。”说完她继续对大家解释这个探测器的建造原理，“这个探测器是围绕着管道中粒子束的一个交叉点建造成的，是为了探测到碰撞后所射出的粒子，严格来说，这并非一个探测器，而是由好几个探测器组成的。并且每个探测器的任务和特点都不一样。就像那个有些透明塑料的探测器，粒子在其中穿过时就会发出光亮来。还有一些用特制材料制成的探测器，只要有大于这种媒质中光速的粒子经过，哪怕只有一个粒子，就会发出一种叫契伦科夫辐射的光。”

“大于光速的粒子？……可是我明明记得相对论说，任何东西都不能比光速更快了啊。”一位女士打断了博士的话。

“不会快于光速，那的确是个真理，但前提是在真空的环境中。”汉森博士说道，“当光进入塑料、玻璃或水这些媒质中的时候，光速就会变慢。这也是为什么会有折射产生，也是显示光谱线所要依据的原理。但是粒子所穿过的媒介，是没有任何阻碍它们运动得比光更快的东西的。粒子在这种情况下会发出一种磁激波，这种激波就好比飞机在速度超过声速时所发生的声爆一样。”

汉森博士继续描述着关于由数千条通电细丝的充气室构成某些探测器的原理：“当带电的粒子运动过充气室时，就会有一些电子被从气体的原子中撞击出来。被撞击出来的电子随后会迁移到细丝上去，这样便可以被细丝记录下来了。现在我们知道了是如何作用于细丝的，也就可以重新来画一下粒子的运动行迹了。再通过一个磁场，便又能够从不同行迹上出现的曲率来测出粒子的动量是多少了。

“这里还有些称作‘量热计’的东西，之所以这么称呼它，是因为它是依照了中学自然科学中用于测量能量所用的量热计而做成的。放在这里是用于测量出相邻几个粒子束的总能量或单个粒子的能量。”

博士继续讲着：“知道了粒子的能量是多少，再从粒子行迹的磁曲率中导出粒子动量，与能量相结合，便可以知道从初始相互作用中所射出的粒子的质量是多少。在量热计的外面还有一些探测室，是用于探测 $\mu$ 子的。因为和电子一样 $\mu$ 子是不受强核力作用的粒子，但是它们也不会因为通过发射电磁辐射而失去比电子大约 200 倍的能量，所以才得以穿过障碍物而几乎没有发生变化。同时也是因为这种性质，我们也很难找到它。能穿过 $\mu$ 子探测器中密度很大的物质，必定为 $\mu$ 子。

“这个结构总的来说有 2000 吨重了，所有不同类型的探测器，犹如洋葱一样，把将要发生碰撞的那段管道一层层包裹起来。它们需要像交错着的巨犬牙的大七巧板那样，能够很好地安装在一起。”

“那么，这一切都是在加速器开始运行时才发生的，是吗？”汤普金斯先生说道。

**显示在遥控室里，便于物理学家进行研究**

“当然是这样的。”

“那既然加速器在开动状态时，是不允许任何人过来这里的，那么研究者们又是如何了解到这里所发生的事情呢？”

“这个问题非常好，现在就来看看这些东西。”汉森博士说着便指了指从探测器中引下来的一大堆电缆。汤普金斯先生认为，这里简直就像一个空心面的生产车间，并且是挨了一枚炸弹后的样子。

“这些电缆是用来取出各个探测器中的电子信号的，并且将这些信号传送到我们的计算机上，由计算机来对这些信息进行处理，最终画出粒子的行迹。于是便可以被遥控室中的物理学家们观察到了，然后再进行一些必要的处理。”

汉森博士来到一张照片面前，点头示意大家过来看看：“先仔细看看这张照片，然后我会带你们去遥控室参观。”

汤普金斯先生一边随着大家往前走，一边又不时回过头去看看探测器。这时，他被地上的一根电缆线绊倒了，头部重重地撞在了地板上。

“啊，华生，时间来不及了，快来把我拉起来。”

听到这话，一个穿着很像夏洛克·福尔摩斯的人果然站到了他的面前。汤普金斯先生刚想再说话，却看见那些探测器正在向四面八方喷粒子呢！许多的粒子被喷到了地板上打滚。

“快！”汤普金斯先生命令着福尔摩斯，“快将这些粒子给我捡回来，能捡多少就尽量捡多少吧。”说完他又企图寻找汉森博士和其他同伴在哪里，可是却找不到他们的人影。于是他认为，这些人一定是丢下自己去参观遥控室去了。虽然这有点奇怪，但是他相信，他们会回来找到他的。“那么，就先暂时迁就一下眼前这个可笑的人吧。”汤普金斯先生想着便捡起了一大把的粒子，将它们交给了正在注视着地板上几个整齐的粒子阵列的“福尔摩斯”。于是他也随着他观察了起来，认出它们是 SU（3）表象的六角形。

“嗯，自旋等于$\frac{1}{2}$的有那么多。所以现在的粒子该是自旋等于$\frac{3}{2}$、$B$=1 的了。”福尔摩斯伸出了一只手比画着说道。

“什么？请再说一次。”

“就是自旋等于$\frac{3}{2}$和 $B$=1 的粒子。我的朋友，快来看看，我已经做了些别的了。”

汤普金斯先生被他搞糊涂了。

“过来看看这些标签。”福尔摩斯有点不耐烦地说。

经他这样一提醒，汤普金斯先生才发现，每个粒子的身上竟然都贴着一个小标签。标签上写的是这个粒子的性质。于是他从粒子中挑选出标明自旋等于$\frac{3}{2}$和 B=1 的粒子，并将它们交给了福尔摩斯，拿到这些粒子后，福尔摩斯便将它们放到地板上摆开了。在重新做了调整以后，他坐到一把椅子上来进行仔细研究。

“现在可以说说吗？”他问汤普金斯先生，“告诉我调整到这种形状的原因，你是如何看待的？”

汤普金斯先生又仔细看了看眼前的图形，终于鼓起勇气说道：“这看起来是个三角形嘛。”

“你真是这样看待的？你应该是一个有科学头脑的人，怎么在还没有识别到完整的事物时就做这样的论断呢？”

“是的，我看到了，它有一个底边的顶点消失了。”

“这次对了！你很机敏，这个三角形的确不完整，因为它缺少了一个粒子，我能从你那里听到最后那关键的一句吗？”说完他有继续俯视着图形，再一次向汤普金斯先生伸出了手。

汤普金斯先生只好又在粒子中寻找了起来，这一次却没有找到那个缺失的粒子：“啊，大概是找不到它了，对不起了，福尔摩斯先生。”

“尽管如此，我还是认为，在这个方向上应该有一个粒子。现在就来想想，你认为那个丢失的粒子可能具备什么性质呢？”

汤普金斯先生思索了片刻，回答说：“它应该自旋等于$\frac{3}{2}$和B = 1吧？”

“不得不说您还真是有长进啊。”福尔摩斯用挖苦的口气说道，“它当然必须具备这样的性质了，否则就会属于这里了。还真是要感谢你的回答。那么关于这个粒子，你所知道的还能告诉我些什么呢？我的方法你也应该是知道的，可以去用用。”

“恐怕我真的再没有什么能告诉您的了。”汤普金斯先生在思考了一会后说道。

福尔摩斯似乎要跳了起来：“对于受过科学训练的人来说，这是非常简单的问题，丢失的粒子是带负电的，显然，它没有带正电或中性的反粒子啊，所以它成了一个很特别的粒子。这是从来没见过的奇异性数值，它的S=−3，它的质量大约等于1 680 MeV/$c^2$。”

汤普金斯先生喊道：“我的天啊，福尔摩斯，你吓到我了！”可是他却逐渐进入了福尔摩斯的角色中。

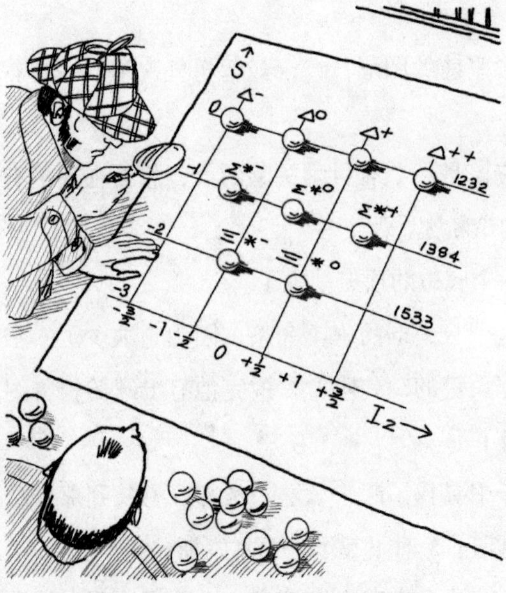

“因为丢失的是图形中的最后一个粒子，所以我们叫它为$\Omega^-$粒子。”福尔摩斯宣布了结论。

“这一切，你是怎么会知道的呢？”

“我非常愿意用我的一点能量来弥补你的损失，现在我问你，图形中的空隙有多少个呢？”

“当然是一个了。”

福尔摩斯仍然俯视着那个图形

“非常正确。所以我们需要处理的问题就是关于那个失踪的粒子。你觉得它的奇异数会有多大呢？”

“嗯，那个空隙的水准是 $S=-3$。”

“答对了！那它的电荷会是多少呢？”

“在这个问题上，我恐怕是无能为力了，我不知道答案。”

“那就发挥一下你的观察能力吧，有没有注意到每行最左边的粒子带的是什么电荷？”

“带的全都是负电荷。”

“没错！这是因为 Ω 粒子就在那一行的最左边。”

汤普金斯先生有点不认可这样的说法：“但是，有一行只有一个粒子，是不是也可以说那个 Ω 粒子也同样是处在那一行的最右边呢？”

“现在仔细看看每一行最右边的成员，有没有发现什么？”

在片刻的观察和研究后，汤普金斯先生宣布说：“我明白您的意思啦，是每往下一行就少了一个单元的电荷吧，也就是说 $Q=+2$，$+1$，$0$，于是最后一行的 $Q$ 必定等于 $-1$，这和我们之前得出的结论一致。但是，我不明白的是，如何得到 Ω 粒子的大致质量呢？”

“检查一下其他粒子的质量，你就会明白了。”

“该如何检查呢？”汤普金斯先生感到有点狼狈。

“当然是心算了！算算相邻两行的粒子质量有多大？”

“噢，已经算出在 Δ 和 Σ 之间，质量的差是 152 MeV/$c^2$，在 Σ 和 Ξ 之间，质量的差是 149 MeV/$c^2$。这两个质量差是非常接近的。”

“所以我们猜测，在我们假定的 Ω 粒子和 Ξ 粒子之间，存在有同样的质量差。好了，现在还要劳你的驾，记住这些性质后再去寻找这样的粒子。”说完，福尔摩斯靠在了椅背上，将手指合拢在一起，然后开始了闭目养神。

汤普金斯先生显然对他这种高高在上的恩赐态度有所不满，但是好奇心迫使他顺从地依照吩咐去做了，他准备对散布在地上的粒子进行搜索。但是，还没等走到那堆粒子里，就出现了一群吵闹的电子将他包围了。

“全体上车！”只听一声命令下达后，所有的电子便蜂拥着朝着加速器奔去，并卷推着汤普金斯先生。在进入管道后，拥挤的情况简直比交通高峰时段还要糟糕些，管道被塞得满当当的，大家都带着怒气去推挤别人来占领空间。

汤普金斯先生只好问旁边的一个电子：“请问，这里到底是什么情况？”

“你难道是新来的吗？”

“嗯……实际上……”

还没等汤普金斯先生回答，那个电子便斜愣着眼睛，带着威吓的口吻说道：“那么欢迎你能够加入神风队！”

“什么神风队？可是我……”

汤普金斯先生感觉背后受到了猛烈的推动，已经来不及再去解释了。只好跟随着向管道的下方跑去。开始他还担心自己会不会在进入弯曲的管道后被挤死，可是马上又否定了这个可怕的想法，因为他知道会有一个稳定的侧向推力来帮助他离开管壁。

“这一定就是偏转磁铁在对我起作用呢。”感受到背后的又一次推动力，他想，“而这一次应该是刚刚经过了一个加速腔了。”

就在感受定期的多次冲击时，他发现电子门试图要彼此分散开。

“我想这应该是因为我们都带着负电而彼此排斥。”汤普金斯先生正想着，却又一次被迫与电子们挤到了一处，“这差不多是经过了一块聚焦磁铁所引起的。”

然而，让他大吃一惊的是，突然从对面冲过来一大群粒子，他好不容易才幸免被撞上。

“救命啊！”汤普金斯不由得叫喊了起来，又向他的同伴们问道，

“天啊，它们到底是谁？这简直太危险了！”

“所以，你是新来的吗？”同伴用嘲笑的语气说道，“它们当然就是正电子了。”

接下来就是一次次重复着的加速冲击，过程中还有聚焦的小插曲，粒子们的能量变得越来越大，而磁场也变得越来越强大，当然正电子也定期会从对面的阴暗处冲过来。

汤普金斯感觉事态变得越来越危险，因为兴奋的强度在不断增加，电子和正电子每次碰面时会互相辱骂了。“等着瞧！马上会要了你们的命！”正电子们骂道。

“哈哈，是在说你们自己吗？”电子们也毫不示弱地回敬道。

随着加速器的一轮轮旋转，汤普金斯先生感到头晕和恶心，正在这时，他的同伴对他说道：“喂，振作一点，要出事了，现在开始需要拼尽全力了！祝你好运！”

还没来得及问同伴是什么意思，就看见迎面又奔驰过来一波正电子，他的四周都是电子与正电子之间的猛烈撞击，而每个撞击都会产生出一些朝着四面八方分散的新粒子来。而产生的碎片则会穿过加速器的管壁消失掉。

撞击结束了，汤普金斯环顾四周，发现还有很多电子和自己一样，安然无恙。

“我真是太幸运啦！”他叹着气说道，“真高兴事情可以结束了。”

“你真是一个奇怪的家伙！实际上什么都不懂。”有同伴听到他的话后藐视地说。

正说着，可怕的正电子们又出现了，如此的场景一次又一次地反复出现。真可谓一段段平静的时期里穿插了一个个暴力的事件。

“这样的碰撞似乎总是发生在管道的几个固定点上，这里应该就是安放了探测器的地方。”汤普金斯先生猜想着。

在接下来的一轮碰撞事件中，他害怕的事情终于发生了——直接的迎面撞击！在没有任何预示和警告的情况下，他被直接撞飞了出去，并且利落地穿过加速器的管壁，到了管壁外面。果然和他猜想的一样，那里有探测器在等着他呢。剩下的就是模糊的记忆了：一次次的闪光和火花、强烈地偏转……在闯过了一连串的撞击后终于在一块金属板里停止了运动。至于是如何离开那块金属板的，他更加记不清了，因为大脑实在是太混乱了。

他只庆幸最终是离开了，只知道现在又一次到了实验大厅里，并且和一堆同样是从探测器中漏出的粒子躺在一起。汤普金斯试图运动手脚，让自己的头脑清楚一点。这时却听到一个声音："请问是在找我吗？"

在第二次听到同样的询问后，他确信这是向自己提出的问题，于是便努力挣扎着试图坐起来。他向四周望了望，鼓起勇气问道："对不起，可以再说一遍吗？"

这时才发现跟他说话的是粒子堆中一个十分罕见的、异乎寻常的粒子。

"对不起，我想应该不是我在找你吧。"汤普金斯咕哝着说道。

"你确定吗？"它再次询问。

"是的，十分确定。"

就这样，他们之间的对话尴尬地中断了。

"太遗憾了，"那个粒子终于再次开口说话了，语气却有些生气，"我就一个人离开了大家，至少你再来看看我的标签啊！"

虽然不太情愿，但是汤普金斯先生还是照做了，他一边看着标签，一边读道："负电荷，自旋等于$\frac{3}{2}$，B=1，S=−3，质量为 1672 MeV/$c^2$。"

"知道了吗？"它期待地问。

"知道什么了？"汤普金斯回答说，有些疑惑它到底想干吗。但是突然间，他想起来了："天啊，你就是我被派出来寻找的那个粒子？你是$\Omega^-$粒子？"说着，他非常兴奋地将它拾起来，并且急忙往福尔摩斯的地方跑去。

"真不错！这正是我要寻找的粒子，将它放回到它所属的家族吧！"

于是，汤普金斯将那个粒子放到了地板上的那个三角形的十重态中。福尔摩斯则拿出那个黑色陶制的有名烟斗，靠在他的椅背上心安理得地抽起来，并宣布道："这其实只是最基本的东西。"

对于摆放在他们面前的六角形的八重态和三角形的十重态，汤普金斯先生默默注视了片刻，却觉得福尔摩斯的烟丝味道越来越浓烈，非常呛人。因此他决定离开这里，离开福尔摩斯。

在漫无目的地行走后，他惊喜地发现了一个正在工作的熟悉身影。

"是那个木匠吗？"他问道，"请问你在这里做什么呢？"

木雕匠抬起了头，认出了汤普金斯后，笑道："能够在这里见到你，我真是太开心了。"

两个人握了握手。

"我看到你还在忙着上色的活？"

"是啊，自从上次你来看我以后，我就搬来这里了。"

"那么你来这里的任务是？"

"之前是给质子和中子上色，现在刚有了新任务，是给夸克上色。"

"夸克？"汤普金斯先生用他那高昂的声音喊道。

"是的，夸克！它们组成了中子和介子，是原子核物质最基本的一部分。"

他的朋友示意他走近一点，然后说道："抱歉，无意中听到你跟上面那个家伙之间的谈话，他非常谨慎地对你说，'这是最基本的，是基本的。'"他重复着福尔摩斯的话，带着挖苦的意思，"去他的吧！他的言论简直就是胡说！因为他所说的粒子根本不算什么基本粒子，你去告诉他，夸克才算得上是最基本的东西。”

“也就是说你现在干的正是给夸克上颜色啊？”

“从加速器跑出来的那些新粒子中，我得找出夸克并给它上色。”木雕匠说着便拿起一把非常精致的刷子，刷子的头部是尖的，另一只手又拿起一把镊子，继续说道，“夸克实在是小得不太好找，所以这无疑是个非常细琐的活。看，就是这里这个介子，再看看里面的夸克！里面有一个夸克和一个反夸克。我的工作就是这样来处理它。”说着他已经将镊子伸到了介子的内部，将夸克夹住。

“你是无法将夸克彻底拉出来的，因为它们粘得太牢固了。这对我的工作来说也没什么关系，它们待在里面我也可以完好地涂色。我会把夸克涂上红色，就像这样，接着再用另一把刷子把反夸克涂成绿色。”木雕匠继续介绍着。

“这也是你过去为质子和电子所涂的颜色吧？”汤普金斯还有印象，所以问道。

“是啊，你看，这两种颜色的组合会让介子变为白色。同时蓝色与黄色、品红色与青色的组合都可以做到这一点。”说着他指了指工作台上的一些颜料瓶说道，“像这边的这个质子（重子），则是由三个夸克所组成的。我将这三个夸克涂成了红色、绿色和蓝色，这也是产生白色的另一个方法。或者用一种颜色来跟它补色，或者干脆将三种原色来进行混合。”

听到这里，汤普金斯的思想飞到了之前和神父的一次会面。他想象着泡利神父应该会接纳像介子这样的对立面的联姻，但就是想象不到他会如何看待三个相同粒子的组合。

于是他便继续听木雕匠说：“你应该明白，这项工作非常重要。重要到宇宙构造的本身也取决于我所做的事情。给夸克上色跟给质子和电子上色绝对不同。给质子和电子涂色，只是为了让它们在物理书的插图中更容易被辨别、看起来更漂亮一些。而给夸克上色却可以说明，为什么它们总是相互束缚在一起而无法分离。一个独立的粒子，就必须和我上完色的质子与中子一样是白色的。这些上好色的质子和中子已经放在了匣子里准备交货了。但是单个的夸克却是有颜色的，也就是说它们必须跟涂了适当颜色的其他夸克永远黏着在一起。我想这下你应该听明白了吧。”

汤普金斯先生的确觉得，之前看的那本让他迷惑的小册子上的某些内容，现在似乎找到了答案。可是对于粒子为什么一定要是白色的，他仍然感到有点迷惑。当他将放有质子和中子的匣子打开时，却被那耀眼的白色光芒给震慑住了。他感到眼花缭乱，只好用手来遮挡住眼睛。

“我觉得，他终于回来了……”这怎么是慕德的声音呢?

“拿灯过来，对不起，你快把他的眼睛照瞎了，你……你还好吗？我们担心死了，你怎么会撞成这个样子？现在感觉怎么样呢？”

听到询问，汤普金斯先生喃喃地回答说：“都怪那个正电子……那个正电子击中了我。”

汤普金斯感到眼花缭乱

“什么？他是这样说的吗？有个正电子击中了他？”人群中有个声音问道。

“天啊！会不会是脑震荡？！”另外一个声音说道，“我们得将他送去医院，他前额的伤口得马上进行下包扎！”